宋·司馬光 撰

家範

中國書店

詳校官候補主事臣郭在逵

臣紀昀覆勘

欽定四庫全書　　子部一

家範　　儒家類

提要

臣等謹案家範十卷宋司馬光撰是書見於宋史藝文志文獻通考者卷目俱與此相合葢猶原本首載周易家人卦辭及節録大學孝經堯典詩思齋篇語以為全書之序其後自治家至乳母凡十九篇皆雜採史事可為

法則者亦間有光所論説與朱子小學義例差異而用意畧同其節目備具簡而有要似較小學更切于日用且大旨歸于義理亦不似顏氏家訓徒揣摩于人情世故之間朱子嘗論周禮師氏云至德以為道本明道先生以之敏德以為行本司馬温公以之觀于是編猶可見一代偉人修已型家之梗概也乾

隆四十九年二月恭校上

總纂官臣紀昀臣陸錫熊臣孫士毅

總校官臣陸費墀

原序

人知朱子集濂洛關四子之成不知涑水文正公亦朱子之所取則朱子志在綱目行在小學資治通鑑實綱目胚胎小學與家範又互相發明者也顧通鑑綱目二書並行何小學列學官而家範不傳於世與文正公嘗謂盡心行己之要在立誠而其功自不妄語始家範所載皆謹言慎行日用切要之事公一生得力於是而其有裨於世道人心非淺焉予偶得舊本讀而珍之爲校

正重刻以公同志

康熙五十八年冬至月高安後學朱軾序

欽定四庫全書

家範卷一

宋 司馬光 撰

周易䷤離下巽上家人利女貞

彖曰家人女正位乎內謂二也男正位乎外謂五也家人之義以內爲本故先說女也男女正天地之大義也家人有嚴君焉父母之謂也父父子子兄兄弟弟夫夫婦婦而家道正正家而天下定矣

象曰風自火出家人由内以相成熾也君子以言有物而行有恒家人之道修於近小而不妄也故君子以言必有物而口無擇言行必有恒而身無擇行

初九閑有家悔亡凡教在初而法在始家瀆而後嚴之志變而後治之則悔矣處家人之初為家人之始故宜必以閑有家然後悔亡也　象曰閑有家志未變也

六二无攸遂在中饋貞吉居内處中履得其位以陰應陽盡婦人之正義無所必遂職乎中饋巽順而已是以貞吉也　象曰六二之吉順以巽也

九三家人嗃嗃悔厲吉婦子嘻嘻終吝以陽處陽剛嚴者也處下體之極為一家之長者也行與其慢寧過乎恭家與其瀆寧處乎嚴是以家人雖嗃嗃悔厲猶得其道婦子嘻

嗃乃失其節也象曰家人嗃嗃未失也婦子嘻嘻失家節也

六四富家大吉能以其富順而處位故大吉也若但能富其家何足為大吉體柔居巽履得其位明於家道以至近尊能富其家也象曰富家大吉順在位也

九五王假有家勿恤吉假至也履正而應處尊體巽王至斯道以有其家者也居於尊位而明於家道則下莫不化矣父父子子兄兄弟弟夫夫婦婦六親和睦交相愛樂而家道正正家而天下定矣故王假有家則勿恤而吉象曰王假有家交相愛也

上九有孚威如終吉處家人之終居家道之成刑於寡妻以著於外者也故曰有孚凡物以猛為本者則患在寡恩以愛為本者則患在寡威故家人之道尚威嚴也家道可終唯信與威身得威

敬人亦如之反之於身則知施於人也象曰威如之吉反身之謂也

大學曰古之欲明明德於天下者先治其國欲治其國者先齊其家欲齊其家者先修其身欲修其身者先正其心欲正其心者先誠其意欲誠其意者先致其知致知在格物物格而後知至知至而後意誠意誠而後心正心正而後身修身修而後家齊家齊而後國治國治而後天下平自天子以至於庶人壹是皆以修身為本其本亂而末治者否矣其所厚者薄而

其所薄者厚未之有也此謂知本此謂知之至也所謂治國必先齊其家者其家不可教而能教人者無之故君子不出家而成教於國孝者所以事君也弟者所以事長也慈者所以使衆也詩云桃之夭夭其葉蓁蓁之子于歸宜其家人宜其家人而後可以教國人詩云宜兄宜弟宜兄宜弟而後可以教國人詩云其儀不忒正是四國其為父子兄弟足法而後民法之也此謂治國在齊其家

孝經曰閨門之内具禮矣乎宫中之門其小者謂之闈禮者所以治天下之法也闈門之内其治至狹然而治天下之法舉在是矣嚴父嚴兄事君事長之禮也妻子臣妾猶百姓徒役也徒役皁牧也妻子猶百姓臣妾猶皁牧御之必以其道然後上下相安

昔四岳薦舜於堯曰瞽子父頑母嚚象傲無目曰瞽舜父有目不能分別好惡故時人謂之瞽配字曰瞍瞍無目之稱心不則德義之經為頑象舜弟之字傲慢不友言並惡克諧以孝烝烝乂不格姦諧和烝進也言能以至孝和諧頑嚚昏傲使進進以善自治不至於姦惡帝曰我其試哉言欲試舜觀其行跡女于時觀厥刑

于二女女妻刑法也堯於是以二女妻舜觀其法度接二女以治家釐降二女于嬀汭嬪于虞降下嬪婦也舜為匹夫能以義禮下帝女之心於所居嬀水之汭使行婦道於虞氏帝曰欽哉歎舜能修己行敬以安人則其所能者大矣

詩稱文王之德曰刑于寡妻至于兄弟以御于家邦此皆聖人正家以正天下者也降及後世爰自卿士以至匹夫亦有家行隆美可為人法者今采集以為家範

治家

衛石碏曰君義臣行父慈子孝兄愛弟敬所謂六順也

齊晏嬰曰君令臣共父慈子孝兄愛弟敬夫和妻柔

姑慈婦聽禮也君令而不違臣共而不貳父慈而教

子孝而箴兄愛而友弟敬而順夫和而義妻柔而正

姑慈而從婦聽而婉禮之善物也夫治家莫如禮男

女之别禮之大節也故治家者必以爲先禮男女不

雜坐不同椸枷不同巾櫛不親授受嫂叔不通問諸

母不漱裳外言不入於梱内言不出於梱女子許嫁

纓非有大故不入其門姑姊妹女子子已嫁而反兄弟弗與同席而坐弗與同器而食皆為重別也不雜坐謂男子在堂女子在房也椸可以枷衣者通問謂相稱謝也諸母庶母也漱澣也庶母賤可使漱衣不可使漱裳裳賤尊之者亦所以遠別也外言內言男女之職也不出入者不以相問也梱門限也女子許嫁繫纓有從人之端也大故宮中有災變若疾病然後入也女子有宮者亦謂由命士以上也春秋傳曰羣公子之舍則已畢矣女子十年而不出嫁及成人可以出矣猶不與男子共席而坐亦遠別也男女非有行媒不相知名見媒往來傳婚姻之言乃相知姓名非受幣不交不親重別有禮乃相纏固故日月以告君周禮凡取判妻入子者媒氏書之以告君謂此也齋

戒以告鬼神婚禮凡受女之禮皆於廟爲神席以告鬼神謂此也爲酒食以召鄉黨僚友會賓客也以厚其別也厚重慎也

又男女非祭非喪不相授器祭嚴喪遽不嫌也其相授則女受以篚其無篚則皆坐奠之而后取之奠停地也外内不共井不共湢浴不通寢席不通乞假男子入内不嘯不指夜行以燭無燭則止嘯讀爲叱叱嫌有隱使也女子出門必擁蔽其面夜行以燭無燭則止擁猶障也道路男子由右女子由左地道尊右

又子生七年男女不同席不共食學其別也男子十年出就外傅居宿於外外傅教學之師女子十年不出恒居內也

又婦人送迎不出門見兄弟不踰閾閾限也

又國君夫人父母在則有歸寧沒則使卿寧

魯公父文伯之母如季氏如之也康子在其朝自其外朝也與之言弗應從之及寢門弗應而入入康子之家也康子辭於朝而入見辭其家臣入見敬姜也曰肥也不得聞命無乃罪乎曰寢門之內婦人治其業焉上下同之寢門正室之門也上下天

子已下也夫外朝子將業君之官職焉內朝子將庀季氏之政焉庀治也皆非吾所敢言也

公父文伯之母季康子之從祖叔母也康子往焉闔門而與之言皆不踰閾仲尼聞之以為別於男女之禮矣闔閾也門寢門也

漢萬石君石奮無文學恭謹舉無與比奮長子建次甲次乙次慶皆以馴行孝謹官至二千石於是景帝曰石君及四子皆二千石人臣尊寵乃舉集其門故號

奮為萬石君孝景季年萬石君以上大夫禄歸老于家子孫為小吏來歸謁萬石君必朝服見之不名子孫有過失不誚讓為便坐對案不食然後諸子相責因長老肉袒固謝罪改之乃許子孫勝冠者在側雖燕必冠申申如也僮僕訢訢如也唯謹其執喪哀戚甚子孫遵教亦如之萬石君家以孝謹聞乎郡國雖齊魯諸儒質行皆自以為不及也建元二年郎中令王臧以文學獲罪皇太后太后以為儒者文多質少

令萬石君家不言而躬行乃以長子建爲郎中令少子慶爲內史建老白首萬石君尚無恙每五日洗沐歸謁親入子舍竊問侍者取親中帬廁牏身自澣灑復與侍者不敢令萬石君知之以爲常萬石君徙居陵里內史慶醉歸入外門不下車萬石君聞之不食慶恐肉袒謝罪不許舉宗及兄建肉袒萬石君讓曰內史貴人入閭里里中長老皆走匿而內史坐車自如固當乃謝罷慶慶及諸子入里門趨至家萬石君

元朔五年卒建哭泣哀思杖乃能行歲餘建亦死諸子孫咸孝然建最甚甚孝於萬石君

樊重字君雲世善農稼好貨殖重性温厚有法度三世共財子孫朝夕禮敬常若公家其營經産業物無所棄課役童隸各得其宜故能上下戮力財利歲倍乃至開廣田土三百餘頃其所起廬舍皆重堂高閣陂渠灌注又池魚牧畜有求必給嘗欲作器物先種梓漆時人嗤之然積以歲月皆得其用向之笑者咸求

假馮貲至巨萬而賑贍宗族恩加鄉閭外孫何氏兄弟爭財重恥之以田二頃解其忿訟縣中稱美推為三老年八十餘終其素所假貸人間數百萬遺令焚削文契債家聞者皆慙爭往償之諸子從敕竟不肯受

南陽馮良志行高潔遇妻子如君臣

宋侍中謝宏微從叔混以劉毅黨見誅混妻晉陽公主改適琅邪王練公主雖執意不行而詔與謝氏離絕

公主以混家事委之宏微混仍世宰相一門兩封田業十餘處僮役千人唯有二女年並數歲宏微經紀生業事若在公一錢尺帛出入皆有文簿宋武受命晉陽公主降封東鄉君節義可嘉聽還謝氏自混亡至是九年而室宇修整倉廩充盈門徒不異平日田疇墾闢有加於舊東鄉歎曰僕射生平重此一子可謂知人僕射為不亡矣中外親姻里黨故舊見東鄉之歸者入門莫不歎息或為流涕感宏微之義也宏

徽性嚴正舉止必修禮度婢僕之前不妄言笑由是尊卑大小敬之若神及東鄉君薨遺財千萬園宅十餘所及會稽吴興琅邪諸處太傅安司空琰時事業奴僮猶數百人公私或謂室内資財宜歸二女田宅僮僕應屬宏微宏微一物不取自以私禄營葬混女夫殷叡素好摴蒱聞宏微不取財物乃濫奪其妻妹及伯母兩姑之分以還戲責内人皆化宏微之讓一無所争宏微舅子領軍將軍劉湛謂宏微曰天下事

宜有裁衷卿此不問何以居官宏微笑而不答或有
譏以謝氏累世財産充殷君一朝棄擲譬棄物江海
以爲廉耳宏微曰親戚争財爲鄙之甚今内人尚能
無言豈可道之使争今分多共少不至有乏身死之
後豈復見關

劉君良瀛州樂壽人累世同居兄弟至四從皆如同氣
尺布斗粟相與共之隋末天下大饑盜賊羣起君良
妻欲其異居乃密取庭樹鳥雛交置巢中於是羣鳥

大相與鬬舉家怪之妻乃說君良曰今天下大亂争鬬之秋羣鳥尚不能聚居而况人乎君良以為然遂相與析居月餘君良乃知其謀夜攬妻髪罵曰破家賊乃汝耶悉召兄弟哭而告之立逐其妻復聚居如初鄉里依之以避盜賊號曰義成堡宅有六院共一厨子弟數十人皆以禮法貞觀六年詔旌表其門

張公藝鄆州壽張人九世同居北齊隋唐皆旌表其門麟德中高宗封泰山過壽張幸其宅召見公藝問所

以能睦族之道公藝請紙筆以對乃書忍字百餘以進其意以為宗族所以不協由尊長衣食或有不均卑幼禮節或有不備更相責望遂成乖爭茍能相與忍之則常睦雍矣

唐河東節度使柳公綽在公卿間最名有家法中門東有小齋自非朝謁之日每平旦輒出至小齋諸子仲郢等皆束帶晨省於中門之北公綽決公私事接賓客與弟公權及羣從弟再食自旦至暮不離小齋燭

至則以次命子弟一人執經史立燭前躬讀一過畢乃講議居官治家之法或論文或聽琴至人定鐘然後歸寢諸子復昏定於中門之北凡二十餘年未嘗一日變易其遇饑歲則諸子皆蔬食曰昔吾兄弟侍先君爲丹州刺史以學業未成不聽食肉吾不敢忘也姑姊妹姪有孤嫠者雖疎遠必爲擇壻嫁之皆用刻木妝奩纈文絹爲資裝常言必待資裝豐備何如嫁不失時及公綽卒仲郢一遵其法

國朝公卿能守先法久而不衰者唯故李相昉家子孫數世二百餘口猶同居共爨田園邸舍所收及有官者俸禄皆聚之一庫計口日給餅飯婚姻喪葬所費皆有常數分命子弟掌其事其規模大抵出於翰林學士宗諤所制也

夫人爪牙之利不及虎豹膂力之強不及熊羆奔走之疾不及麋鹿飛颺之高不及燕雀苟非羣聚以禦外患則反為異類食矣是故聖人教之以禮使人知父

子兄弟之親人知愛其父則知愛其兄弟矣愛其祖則知愛其宗族矣如枝葉之附於根榦手足之繫於身首不可離也豈徒使其粲然條理以為榮觀哉乃實欲更相依庇以扞外患也吐谷渾阿豺有子二十人病且死謂曰汝等各奉吾一隻箭將玩之俄而命母弟慕利延曰汝取一隻箭折之慕利延折之又曰汝取十九隻箭折之慕利延不能折阿豺曰汝曹知否單者易折衆者難摧戮力一心然後社稷可固言

終而死彼戎狄也猶知宗族相保以為強況華夏乎聖人知一族不足以獨立也故又為之甥舅婚媾姻婭以輔之猶懼其未也故又愛養百姓以衛之故愛親者所以愛其身也愛民者所以愛其親也如是則其身安若泰山壽如箕翼他人安得而侮之哉故自古聖賢未有不先親其九族然後能施及他人者也彼愚者則不然棄其九族遠其兄弟欲以專利其身殊不知身既孤人斯戕之矣於利何有哉昔周厲王

棄其九族詩人刺之曰懷德惟寧宗子惟城毋俾城壞毋獨斯畏苟爲獨居斯可畏矣

宋昭公將去羣公子樂豫曰不可公族公室之枝葉也若去之則本根無所庇廕矣葛藟猶能庇其根本故君子以爲比況國君乎此諺所謂庇焉而縱尋斧焉者也必不可君其圖之親之以德皆股肱也誰敢攜貳若之何去之昭公不聽果及於亂

華亥欲代其兄合比爲右師譖於平公而逐之左師曰

汝亥也必亡汝喪而宗室於人何有人亦於汝何有
既而華亥果亡
孔子曰不愛其親而愛他人者謂之悖德不敬其親而敬他人者謂之悖禮以順則逆民無則焉不在於善而皆在於凶德雖得之君子不貴也故欲愛其身而棄其宗族烏在其能愛身也
孔子曰均無貧和無寡安無傾善為家者盡其所有而均之雖糲食不飽敝衣不完人無怨矣夫怨之所生

生於自私及有厚薄也

漢世謗曰一尺布尚可縫一斗粟尚可舂言尺布可縫而共衣斗粟可舂而共食譏文帝以天下之富不能容其弟也

梁中書侍郎裴子野家貧妻子常苦饑寒中表貧乏者皆收養之時逢水旱以二石米爲薄粥僅得徧焉躬自同之曾無厭色此得睦族之道者也

家範卷一

欽定四庫全書

家範卷二

宋 司馬光 撰

祖

爲人祖者莫不思利其後世然果能利之者鮮矣何以言之今之爲後世謀者不過廣營生計以遺之田疇連阡陌邸肆跨坊曲粟麥盈囷倉金帛充篋笥慊慊然求之猶未足施施然自以爲子子孫孫累世用之

莫能盡也然不知以義方訓其子以禮法齊其家自於數十年中勤身苦體以聚之而子孫於時歳之間奢靡遊蕩以散之反笑其祖考之愚不知自娱又怨其吝嗇無恩於我而厲虐之也始則欺紿攘竊以充其欲不足則立券舉債於人俟其死而償之覬其意惟患其考之壽也甚者至於有疾不療陰行酖毒亦有之矣然則曏之所以利後世者適足以長子孫之惡而為身禍也頃嘗有士大夫其先亦國朝名臣也

家甚富而尤吝嗇斗升之粟尺寸之帛必身自出納鎖而封之晝則佩鑰於身夜則置鑰於枕下病甚困絶不知人子孫竊其鑰開藏室發篋笥取其財其人後蘇即捫枕下求鑰不得憤怒遂卒其子孫不哭相與爭匿其財遂致鬬訟其處女亦蒙首執牒自訐於府庭以爭嫁資爲鄉黨笑蓋由子孫自幼及長惟知有利不知有義故也夫生生之資固人所不能無然勿求多餘多餘希不爲累矣使其子孫果賢耶豈蔬

糲布褐不能自營至死於道路乎若其不賢耶雖積金滿堂奚益哉多藏以遺子孫吾見其愚之甚也然則賢聖皆不顧子孫之匱乏耶曰何為其然也昔者聖人遺子孫以德以禮賢人遺子孫以廉以儉舜自側微積德至於為帝子孫保之享國百世而不絶周自后稷公劉太王王季文王積德累功至於武王而有天下其詩曰詒厥孫謀以燕翼子言豐德澤明禮法以遺後世而安固之也故能子孫承統八百餘年

其支庶猶爲天下之顯諸侯棊布於海内其爲利豈不大哉

孫叔敖爲楚相將死戒其子曰王數封我矣吾不受也我死王則封汝必無受利地楚越之間有寢丘者此其地不利而名甚惡可長有者唯此也孫叔敖死王以美地封其子其子辭請寢丘累世不失

漢相國蕭何買田宅必居窮僻處爲家不治垣屋曰令後世賢師吾儉不賢無爲勢家所奪

太子太傅疏廣乞骸骨歸鄉里天子賜金二十斤太子贈以五十斤廣日令家具設酒食請族人故舊賓客相與娛樂數問其家金餘尚有幾何趣賣以共具居歲餘廣子孫竊謂其昆弟老人廣所愛信者曰子孫冀及君時頗立產業基址今日飲食費且盡宜從大人所勸説君買田宅老人即以閒暇時為廣言此計廣曰吾豈老誖不念子孫哉顧自有舊田廬令子孫勤力其中足以共衣食與凡人齊今復增益之以為

贏餘但教子孫怠惰耳賢而多財則損其志愚而多財則益其過且夫富者衆之怨也吾旣亡以教化子孫不欲益其過而生怨

涿郡太守楊震性公廉子孫常蔬食步行故舊長者或欲公爲開產業震不肯曰使後世稱爲清白吏子孫以此遺之不亦厚乎

南唐德勝軍節度使兼中書令周本好施或勸之曰公春秋高宜少留餘貲以遺子孫本曰吾繫草屩事吳

武王位至將相誰遺之乎

近故張文節公為宰相所居堂室不蔽風雨服用飲膳與始為河陽書記時無異其所親或規之曰公月入俸祿幾何而自奉儉薄如此外人不以公清儉為美反以為有公孫布被之詐文節歎曰以吾今日之祿雖侯服王食何憂不足然人情由儉入奢則易由奢入儉則難此祿安能常恃一旦失之家人既習於奢不能頓儉必至失所曷若無失其常吾雖違世家人

猶如今日乎聞者服其遠慮此皆以德業遺子孫者也所得顧不多乎

晉光祿大夫張澄當葬父郭璞爲占墓地曰葬某處年過百歲位至三司而子孫不蕃某處年幾減半位裁鄉校而累世貴顯澄乃葬其劣處位止光祿年六十四而亡其子孫昌熾公侯將相至梁陳不絕雖未必因葬地而然足見其愛子孫厚於身矣先公既登侍從常曰吾所得已多當留以遺子孫處心如此其顧

念後世不亦深乎

家範卷二

欽定四庫全書

家範卷三

宋　司馬光　撰

父

陳亢問於伯魚曰子亦有異聞乎對曰未也嘗獨立鯉趨而過庭曰學詩乎對曰未也不學詩無以言鯉退而學詩他日又獨立鯉趨而過庭曰學禮乎對曰未也不學禮無以立鯉退而學禮聞斯二者陳亢退而

喜曰問一得三聞詩聞禮又聞君子之遠其子也遠者

非疏遠之謂也謂其進見有時接遇有禮不朝夕嘻嘻相褻狎也

曾子曰君子之於子愛之而勿面使之而勿貌遵之以道而勿強言心雖愛之不形於外常以嚴莊莅之不以辭色悅之也不遵之以道是棄之也然強之或傷恩故以日月漸磨之也

北齊黃門侍郎顏之推家訓曰父子之嚴不可以狎骨肉之愛不可以簡簡則慈孝不接狎則怠慢生焉由

命士以上父子異宮此不狎之道也抑搔癢痛懸衾篋枕此不簡之教也

石碏諫衛莊公曰臣聞愛子教之以義方弗納於邪驕奢淫泆所自邪也四者之來寵禄過也自古知愛子不知教使至於危辱亂亡者可勝數哉夫愛之當教之使成人愛之而使陷於危辱亂亡烏在其能愛子也人之愛其子者多曰兒幼未有知耳俟其長而教之是猶養惡木之萌芽曰俟其合抱而伐之其用力

顧不多哉又如開籠放鳥而捕之解韁放馬而逐之曷若勿縱勿解之為易也

曲禮幼子常視毋誑立必正方不傾聽長者與之提攜則兩手奉長者之手 習其扶持尊者提攜謂牽將行 負劍辟咡詔之 負謂置之於背劍謂挾之於傍辟咡詔之謂傾頭與語口旁曰咡 則掩口而對 習其鄉尊者屏氣也

内則子能食食教以右手能言男唯女俞男鞶革女鞶

絲俞然也鞶小囊盛帨巾者男用革女用繒有飾緣之六年教之數與方名方名東西南北之類七年男女不同席不共食教以別也八年出入門戶及即席飲食必後長者始教之讓示以謙讓九年教之數日知朔望與六甲也十年出就外傅居宿於外學書計十有三年學樂誦詩舞勺成童舞象學射御成童十五以上

曾子之妻出外兒隨而啼妻曰勿啼吾歸為爾殺豕妻歸以語曾子曾子即烹豕以食兒曰毋教兒欺也

賈誼言古之王者太子始生固舉以禮使士負之過闕

則下過廟則趨孝子之道也故自為赤子而教固已行矣提孩有識三公三少固明孝仁禮義以道習之逐去邪人不使見惡行於是皆選天下之端士孝弟博聞有道術者以衛翼之使與太子居處出入故太子乃生而見正事聞正言行正道左右前後皆正人也夫習與正人居之不能毋正猶生長於齊不能不齊言也習與不正人居之不能毋不正猶生長於楚不能不楚言也

顏氏家訓曰古者聖王子生孩提師保固明仁孝禮義道習之矣凡庶縱不能爾當及嬰稚識人顏色知人喜怒便加教誨使為則為使止則止比及數歲可省笞罰父母威嚴而有慈則子女畏慎而生孝矣吾見世間無教而有愛每不能然飲食運為恣其所欲宜誡翻獎應訶反笑至有識知謂法當爾憍慢已習方乃制之捶撻至死而無威忿怒日隆而增怨逮于長成終為敗德孔子云少成若天性習慣如自然是也

諺云教婦初來教兒嬰孩誠哉斯語

凡人不能教子女者亦非欲陷其罪惡但重於訶怒傷其顏色不忍楚撻慘其肌膚爾當以疾病為喻安得不用湯藥針艾救之哉又宜思勤督訓者豈願苛虐於骨肉乎誠不得已也

王大司馬梁大司馬王僧辯也母衛夫人性甚嚴正王在湓城為三千人將年踰四十少不如意猶捶撻之故能成其勳業

梁元帝時有一學士聰敏有才少為父所寵失於教義一言之是徧於行路終年譽之一行之非掩藏文飾冀其自改年登婚宦暴慢日滋竟以語言不擇為周逖抽腸釁鼓云然則愛而不教適所以害之也傳稱鳲鳩之養其子朝從上下暮從下上平均如一至於人或不能然記曰父之於子也親賢而下無能使其所親果賢也所下果無能也則善矣其溺於私愛者往往親其無能而下其賢則禍亂由此而興矣

顔氏家訓曰人之愛子罕亦能均自古及今此獘多矣賢俊者自可賞愛頑魯者亦當矜憐有偏寵者雖欲以厚之更所以禍之共叔之死母實為之趙王之戮父實使之劉表之傾宗覆族袁紹之地裂兵亡可謂靈龜明鑑此通論也

曾子出其妻終身不取妻其子元請焉曾子告其子曰高宗以後妻殺孝己尹吉甫以後妻放伯奇吾上不及高宗中不比吉甫庸知其得免於非乎

後漢尚書令朱暉年五十失妻昆弟欲爲繼室暉歎曰時俗希不以後妻敗家者遂不娶今之人年長而子孫具者得不以先賢爲鑑乎

内則曰子婦未孝未敬勿庸疾怨庸之言用也姑教之若不可教而后怒之怒譴責也不可怒子放婦出而不表禮焉表猶明也猶爲之隱不明其犯禮之過也

君子之所以治其子婦盡於是而已矣今世俗之人其柔懦者子婦之過尚小則不能教而嘿藏之及其稍

著又不能怒而心恨之至於惡積罪大不可禁遏則喑嗚鬱悒至有成疾而終者如此有子不若無子之爲愈也其不仁者則縱其情性殘忍暴戾或聽後妻之讒或用嬖寵之計捶扑過分棄逐凍餒必欲寘之死地而後已康誥稱子弗祗服厥父事大傷厥考心于父不能字厥子乃疾厥子謂之元惡大憝矧言不孝不慈其罪均也

母

為人母者不患不慈患於知愛而不知教也古人有言曰慈母敗子愛而不教使淪於不肖陷於大惡入於刑辟歸於亂亡非他人敗之也母敗之也自古及今若是者多矣不可悉數

周大任之娠文王也目不視惡色耳不聽淫聲口不出敖言文王生而明聖卒為周宗君子謂大任能胎教古者婦人任子寢不側坐不邊立不蹕不食邪味割不正不食席不正不坐目不視邪色耳不聽淫聲夜

則令瞽誦詩道正事如此則生子形容端正才藝博通矣彼其子尚未生也固已教之況已生乎

孟軻之母其舍近墓孟子之少也嬉戲爲墓間之事踊躍築埋孟母曰此非所以居之也乃去舍市傍其嬉戲爲衒賣之事孟母又曰此非所以居之也乃徙舍學宮之傍其嬉戲乃設俎豆揖讓進退孟母曰此真可以居子矣遂居之孟子幼時問東家殺猪何爲母曰欲啖汝既而悔曰吾聞古有胎教今適有知而欺

之是教之不信乃買豬肉食既長就學遂成大儒彼其子尚幼也固已慎其所習況已長乎

漢丞相翟方進繼母隨方進之長安織履以資方進遊學

晉太尉陶侃早孤貧為縣吏番陽孝廉范逵常過侃時倉卒無以待賓其母乃截髮得雙髲以易酒肴逵薦侃於廬江太守召為督郵由此得仕進

後魏鉅鹿魏緝母房氏緝生未十旬父溥卒母鞠育不

嫁訓導有母儀法度緝所交遊有名勝者則身具酒
饌有不及已者輒屏卧不餐須其悔謝乃食

唐侍御史趙武孟少好田獵嘗獲肥鮮以遺母母泣曰
汝不讀書而田獵如是吾無望矣竟不食其膳武孟
感激勤學遂博通經史舉進士至美官

天平節度使柳仲郢母韓氏常粉苦參黄連和以熊膽
以授諸子每夜讀書使噙之以止睡

太子少保李景讓母鄭氏性嚴明早寡家貧親教諸子

久雨宅後古牆頹陷得錢滿缸奴婢喜走告鄭鄭焚香祝之曰天蓋以先君餘慶愍妾母子孤貧賜以此錢然妾所願者諸子學業有成他日受俸此錢非所欲也亟命掩之此唯患其子名不立也

齊相田稷子受下吏金百鎰以遺其母母曰夫為人臣不忠是為人子不孝也不義之財非吾有也不孝之子非吾子也子起矣稷子遂慙而出反其金而自歸於宣王請就誅宣王悦其母之義遂赦稷子之罪復

其位而以公金賜母

漢京兆尹雋不疑每行縣録囚徒還其母輒問不疑有所平反活幾何人耶不疑多有所平反母喜笑為飲食言語異於它時或亡所出母怒為不食故不疑為吏嚴而不殘

吴司空孟仁嘗為監魚池官自結網捕魚作鮓寄母母還之曰汝為魚官以鮓寄母非避嫌也

晉陶侃為縣吏嘗監魚池以一坩鮓遺母母封鮓責曰

爾以官物遺我不能益我乃增吾憂耳

隋大理寺卿鄭善果母翟氏夫鄭誠討尉遲迥戰死母年二十而寡父欲奪其志母抱善果曰鄭君雖死幸有此兒棄兒爲不慈背死夫爲無禮遂不嫁善果以父死王事年數歲拜持節大將軍襲爵開封縣公年四十授沂州刺史尋爲魯郡太守母性賢明有節操博涉書史通曉政事每善果出聽事母輒坐胡牀於鄣後察之聞其剖斷合理歸則大悦即賜之坐相對

談笑若行事不允或妄嗔怒母乃還堂蒙袂而泣終日不食善果伏於牀前不敢起母方起謂之曰吾非怒汝乃慙汝家耳吾為汝家婦獲奉灑掃知汝先君忠勤之士也守官清恪未嘗問私以身徇國繼之以死吾亦望汝副其此心汝既年小而孤吾寡耳有慈無威使汝不知禮訓何可負荷忠臣之業乎汝自童稚襲茅土汝今位至方岳豈汝身致之耶不思此事而妄加嗔怒心緣驕樂墮於公政內則墜爾家風或

失亡官爵外則虧天子之法以取辜戾吾死日何面目見汝先人於地下乎母恒自紡績每至夜分而寢善果曰兒封侯開國位居三品秩俸幸足母何自勤如此答曰吁汝年已長吾謂汝知天下理今聞此言故猶未也至于公事何由濟乎今此秩俸乃天子報汝先人之殉命也當散贍六姻為先君之惠奈何獨擅其利以為富貴乎又絲枲紡績婦人之務上自王后下及大夫士妻各有所製若墮業者是為驕逸吾

雖不知禮其可自敗名乎自初寡便不御脂粉常服大練性又節儉非祭祀賔客之事酒肉不妄陳其前靜室端居未嘗輒出門閤内外姻戚有吉凶事但厚加贈遺皆不詣其門非自手作及莊園禄賜所得雖親族禮遺悉不許入門善果歷任州郡内自出饌於衙中食之公廨所供皆不許受悉用修理公宇及分僚佐善果亦由此克已號為清吏考為天下最

唐中書令崔元暐初為庫部員外郎母盧氏嘗戒之曰

吾嘗聞姨兄辛元馭云兒子從官於外有人來言其貧窶不能自存此吉語也言其富足車馬輕肥此惡語也吾嘗重其言比見中表仕宦者多以金帛獻遺其父母父母但知忻悅不問金帛所從來若以非道得之此乃為盜而未發者耳安得不憂而更喜乎汝今坐食俸禄苟不能忠清雖日殺三牲吾猶食之不下咽也元暐由是以廉謹著名

李景讓宦已達髮斑白小有過其母猶撻之景讓事之

終日常兢兢及爲浙西觀察使有左右都押牙迕景讓意景讓杖之而斃軍中憤怒將爲變母聞之景讓方視事母出坐廳事立景讓於庭下而責之曰天子付汝以方面國家刑法豈得以爲汝喜怒之資妄殺無罪之人乎萬一致一方不寧豈惟上負朝廷使垂老之母銜羞入地何以見汝先人乎命左右褫其衣坐之將撻其背將佐皆至爲之請不許將佐拜且泣久乃釋之軍中由是遂安此惟恐其子之入於不善

也

漢汝南功曹范滂坐黨人被收其母就與訣曰汝今得與李杜齊名死亦何恨既有令名復求壽考可兼得乎滂跪受教再拜而辭

魏高貴鄉公將討司馬文王以告侍中王沈尚書王經散騎常侍王業沈業出走告文王經獨不往高貴鄉公既釁經被收辭母母顏色不變笑而應曰人誰不死但恐不得死所以此并命何恨之有

唐相李義甫專横侍御史王義方欲奏彈之先白其母曰義方為御史視奸臣不糾則不忠糾之則身危而憂及於親為不孝二者不能自決柰何母曰昔王陵之母殺身以成子之名汝能盡忠以事君吾死不恨此非不愛其子惟恐其子為善之不終也然則為人母者非徒鞠育其身使不罹水火又當養其德使不入於邪惡乃可謂之慈矣

漢明德馬皇后無子賈貴人生肅宗顯宗命后母養之

謂曰人未必當自生子但患愛養不至耳后於是盡心撫育勞瘁過於所生肅宗亦孝性淳篤恩性天至母子慈愛始終無纖介之間古今稱之以爲美談

隋番州刺史陸讓母馮氏性仁愛有母儀讓即其孽子也坐贓當死將就刑馮氏蓬頭垢面詣朝堂數讓罪於是流涕嗚咽親持盃粥勸讓食既而上表求哀詞情甚切上愍然爲之改容於是集京城士庶於朱雀門遣舍人宣詔曰馮氏以嫡母之德足爲世範慈愛

之道義感人神特宜矜免用奬風俗讓可減死除名

復下詔褒美之賜物五百段集命婦與馮相識以旌

寵異

齊宣王時有人鬭死於道吏訊之有兄弟二人立其傍

吏問之兄曰我殺之弟曰非兄也乃我殺之期年吏

不能決言之於相相不能決言之於王王曰今皆舍

之是縱有罪也皆殺之是誅無辜也寡人度其母能

知善惡試問其母聽其所欲殺活相受命召其母問

曰母之子殺人兄弟欲相代死吏不能決言之於王王有仁惠故問母何所欲殺活其母泣而對曰殺其少者相愛其言因而問之曰夫少子者人之所愛今欲殺之何也其母曰少者妾之子也長者前妻之子也其父疾且死之時屬於妾曰善養視之妾曰諾今既受人之託許人以諾豈可忘人之託而不信其諾耶且殺兄活弟是以私愛廢公義也背言忘信是欺死者也失言忘約已諾不信何以居於世哉予雖痛

子獨謂行何泣下沾襟相入言之於王王美其義高其行皆赦不殺其子而尊其母號曰義母

魏芒慈母者孟楊氏之女芒卯之後妻也有三子前妻之子有五人皆不愛慈母遇之甚異猶不愛慈母乃令其三子不得與前妻之子齊衣服飲食進退起居甚相遠前妻之子猶不愛於是前妻中子犯魏王令當死慈母憂戚悲哀帶圍減尺朝夕勤勞以救其罪人有謂慈母曰子不愛母至甚矣何為憂懼勤勞如

此慈母曰如妾親子雖不愛妾妾猶救其禍而除其害獨假子而不爲何以異於凡人且其父爲其孤也使妾而繼母繼母如母爲人母而不能愛其子可謂慈乎親其親而偏其假可謂義乎不慈且無義何以立於世彼雖不愛妾妾可以忘義乎遂訟之魏安釐王聞之高其義曰慈母如此可不赦其子乎乃赦其子而復其家自此之後五子親慈母雍雍若一慈母以禮義漸之率導八子咸爲魏大夫卿士

漢安衆令漢中程文矩妻李穆姜有二男而前妻四子以母非所生憎毁日積而穆姜慈愛温仁撫字益隆衣食資供皆兼倍所生或謂母曰四子不孝甚矣何不别居以遠之對曰吾方以義相導使其自遷善也及前妻長子興疾困篤母惻隱親自爲調藥膳恩情篤密興疾久乃瘳於是呼三弟謂曰繼母慈仁出自天愛吾兄弟不識恩養禽獸其心雖母道益隆我曹過惡亦已深矣遂將三弟詣南鄭獄陳母之德狀已

之過乞就刑辟縣言之於郡郡守表異其母蠲除家

徭遣散四子許以脩革自後訓導愈明並為良士今

之人為人嫡母而疾其孽子為人繼母而疾其前妻

之子者聞此四母之風亦可以少愧矣

魯師春姜嫁其女三往而三逐春姜問其故以輕侮其

室人也春姜召其女而笞之曰夫婦人以順從為務

貞慤為首今爾驕溢不遜以見逐曾不悔前過吾告

汝數矣而不吾用爾非吾子也笞之百而留之三年

乃復嫁之女奉守節義終知爲人婦之道令之爲母者女未嫁不能誨也既嫁爲之援使挾己以凌其壻家及見棄逐則與壻家鬬訟終不自責其女之不令也如師春姜者豈非賢母乎

家範卷四

宋 司馬光 撰

子上

孝經曰夫孝天之經也地之義也民之行也天地之經而民是則之又曰不愛其親而愛他人者謂之悖德不敬其親而敬他人者謂之悖禮以順則逆民無則焉不在於善而皆在於凶德雖得之君子不貴也又

曰五刑之屬三千而罪莫大於不孝孟子曰不孝有五惰其四支不顧父母之養一不孝也博奕好飲酒不顧父母之養二不孝也好貨財私妻子不顧父母之養三不孝也從耳目之欲以為父母戮四不孝也好勇鬬狠以危父母五不孝也夫為人子而事親或虧雖有他善累百不能掩也可不慎乎

經曰君子之事親也居則致其敬恭己之身不近危辱養則致其樂樂親之志病則致其憂喪則致其哀祭則致其嚴嚴有恭也

孔子曰今之孝者是謂能養至於犬馬皆能有養不敬何以別乎禮子事父母雞初鳴咸盥漱盛容飾以適父母之所父母之衣衾簟席枕几不傳杖屨祇敬之勿敢近 傳移也 敦牟卮匜非餕莫敢用 卮匜酒漿器敦牟黍稷器 在父母之所有命之應唯敬對進退周旋慎齊 齊莊也 升降出入揖遜不敢噦噫嚔咳欠伸跛倚睇視不敢唾洟 睇傾視也 寒不敢襲癢不敢搔 襲謂重衣 不有敬事不敢袒裼 父黨無容 不涉不撅 撅揭衣也

爲人子者出必告反必面告面同耳反言面者從外來宜知親之顔色安否所遊必有常所習必有業緣親之意欲知之恒言不稱老廣敬又爲人子者居不主奥坐不中席行不中道立不中門謂與父同宫者也不敢當其尊處室中西南隅謂之奥道有左右中門謂棖闑之中央内則曰命士以上父子皆異宫崇敬也食饗不爲槩槩量也不制待賓客饌具之所有祭祀不爲尸尊者之處爲其失子道然則尸卜筮無父者聽於無聲視於無形恒若親之將有教使然不登高不臨深不苟訾不苟笑爲近其危辱也人之性不欲見毁訾不欲見笑君子樂然後笑孝子不服闇不登危服事也不闇冥之中從事爲有

非常且嫌失禮也懼辱親也

宋武帝即大位春秋已高每旦朝繼母蕭太后未嘗失時刻彼為帝王尚如是況士民乎

梁臨川靜惠王宏兄懿為齊中書令為東昏侯所殺諸弟皆被收僧慧思藏宏得免宏被難潛伏與太妃異處每遣使參問起居或謂逃難須密不宜往來宏銜淚答曰乃可無我此事不容暫廢彼在危難尚如是況平時乎

為子者不敢自高貴故在禮三賜不及車馬三賜三命也凡仕者一命而受爵再命而受衣服三命而受車馬而身所以尊者備矣卿大夫士之子不受不敢以成尊比踰於父天子諸侯之子不受自卑遠於君不敢以富貴加於父兄

國初平章事王溥父祚有賓客溥常朝服侍立客坐不安席祚曰豚犬不足為之起此可謂居則致其敬矣

禮子事父母雞初鳴而起左右佩服以適父母之所及所下氣怡聲問衣燠寒疾痛苛癢而敬抑搔之怡悅也苛疥抑按搔摩也出入則或先或後而敬扶持之先後之隨時便也進

盥少者奉槃長者奉水請沃盥卒受巾（槃承盥水者巾以帨手）問所欲而敬進之柔色以溫之（溫藉也）父母之命勿逆勿怠（恃其孝敬之愛則或違懈）若飲之食之雖不嗜必嘗而待（請後命而去也）加之衣服雖不欲必服而待（待後命釋藏也）

又子婦無私貨無私畜無私器不敢私假不敢私與（家事統於尊也）

又為人子之禮冬溫而夏清昏定而晨省（安定其牀衽也省問其安否何如）在醜夷不爭（醜衆也夷同儕也）

孟子曰曾子養曾晳必有酒肉將徹必請所與問有餘必曰有曾晳死曾元養曾子必有酒肉將徹不請所與問有餘曰亡矣將以復進也此所謂養口體者也若曾子則可謂養志也事親若曾子者可也

老萊子孝奉二親行年七十作嬰兒戲身服五采斑斕之衣嘗取水上堂詐跌仆卧地為小兒啼弄雛於親側欲親之喜

漢諫議大夫江革少失父獨與母居遭天下亂盜賊並

起革負母逃難備經險阻常採拾以為養遂得俱全於難革轉客下邳貧窮裸跣行傭以供母便身之物莫不畢給建武末年與母歸鄉里每至歲時縣當案比（案驗以比之猶今貌閱也）革以老母不欲搖動自在轅中輓車不用牛馬由是鄉里稱之曰江巨孝

晉西河人王延事親色養夏則扇枕席冬則以身溫被隆冬盛寒體無全衣而親極滋味

宋會稽何子平為揚州從事吏月俸得白米輒貨市粟

麥人曰所利無幾何足為煩子平曰尊老在東不辦得米何心獨饗白粲每有贈鮮肴者若不可寄至家則不肯受後為海虞令縣禄唯供養母一身不以及妻子人疑其儉薄子平曰希禄本在養親不在為己問者慙而退

同鄉郭原平養親必以己力傭賃以給供養性甚巧每為人傭作止取散夫價主人設食原平自以家貧父母不辦有肴味唯飡鹽飯而已若家或無食則虛中

竟日義不獨飽須日暮作畢受直歸家於里羅買然後舉爨

唐曹成王皐爲衡州刺史遭誣在治念太妃老將驚而戚出則囚服就辟入則擁笏垂魚坦坦施施貶潮州刺史以遷入賀既而事得直復還衡州然後跪謝告實此可謂養則致其樂矣

禮父母有疾冠者不櫛行不翔憂不爲容也言不惰憂不在私好惰不正之言琴瑟不御憂不在樂食肉不至變味飲酒不至變貌

憂不在味笑不至矧怒不至詈憂在心難變也齒本曰矧大笑則見疾止復

故

文王之為世子朝於王季日三三皆曰朝以其禮同雞初鳴而衣服至於寢門外問內豎之御者曰今日安否何如內豎小臣之屬掌外內之通命者御如小史直日矣內豎曰安文王乃喜孝子恒兢兢及日中又至亦如之及莫又至亦如之莫夕也其有不安節則內豎以告文王文王色憂行不能正履節謂居處之故事履蹈地也王季復膳飲食安也然後亦復初憂解武王帥而

行之不敢有加焉庶幾程式之帥循也文王有疾武王不脱冠帶而養言常在側文王一飯亦一飯文王再飯亦再飯欲知氣力箴藥所勝旬有二日乃間間猶瘳也

漢文帝爲代王時薄太后常病三年文帝目不交睫衣不解帶湯藥非口所嘗弗進

晉范喬父粲仕魏爲太宰中郎齊王芳被廢粲遂稱疾闔門不出陽狂不言寢所乘車足不履地子孫常侍左右候其顔色以知其旨如此三十六年終於所寢

之車喬與二弟並棄學業絶人事侍疾家庭至𣠏沒不出里邑

南齊庾黔婁為孱陵令到縣未旬父易在家遘疾黔婁忽心驚舉身流汗即日棄官歸家家人悉驚其忽至時易病始二日醫云欲知差劇但嘗糞甜苦易泄利黔婁輒取嘗之味轉甜滑心愈憂苦至夕每稽顙北辰求以身代俄聞空中有聲曰徵君壽命盡不可延汝誠禱既至改得至月末晦而易亡

後魏孝文帝幼有至性年四歲時獻文患癰帝親自吮

膿

北齊孝昭帝性至孝太后不豫出居南宫帝行不正履

容色貶悴衣不觧帶殆將旬殿去南宫五百餘步雞

鳴而出辰時方還來去徒行不乘輿輦太后所苦小

增便即寢伏閤外食飲藥物盡皆躬親太后惟常心

痛不自堪忍帝立侍帷前以爪掐手心血流出袖此

可謂病則致其憂矣

經曰孝子之喪親也哭不偯氣竭而息聲不委曲禮無容觸地無容言不文不為文飾服美不安不安美飾故服縗麻聞樂不樂悲哀在心故不樂也食旨不甘旨美也不甘美味故蔬食水飲此哀戚之情也三日而食教民無以死傷生毀不滅性此聖人之政也不食三日哀毀過情滅性而死虧孝道故聖人制禮施教不令至於殞滅喪不過三年示民有終也三年之喪天下達禮使不肖企及賢者俯從夫孝子有終身之憂聖人以三年為制者使人有終竟之限也為之棺槨衣衾而舉之周尸為棺周棺為槨衣謂歛衣衾被也舉謂舉屍內於棺也陳其簠簋而哀慼之簠簋祭器也陳奠素器而不見親故哀慼之

擗踴哭泣哀以送之男踴女擗祖載送之卜其宅兆而安厝之宅墓穴也兆塋域也葬事大故卜之爲之宗廟以鬼享之立廟祔祖之後則以鬼禮享之春秋祭祀以時思之寒暑變移益用增感以時祭祀展其孝思也生事愛敬死事哀慼生民之本盡矣死生之義備矣孝子之事親終矣君子之於親喪固所以自盡也不可不勉喪禮備在方冊不可悉載

孔子曰少連大連善居喪三日不怠三月不解期悲哀三年憂東夷之子也高子皐執親之喪也子皐孔子弟子名柴

泣血三年言泣無聲如血出未嘗見齒言笑之微君子以為難

顔丁善居喪顔丁魯人始死皇皇焉如有求而弗得及殯望望焉如有從而弗及既葬慨焉如不及其反而息從隨也慨憊貌

唐太常少卿蘇頲遭父喪睿宗起復為工部侍郎頲固辭上使李日知諭旨日知終坐不言而還奏曰臣見其哀毁不忍發言恐其殞絶上乃聽其終制

左庶子李涵為河北宣慰使會丁母憂起復本官而行

毋州縣郵驛公事之外未嘗啟口蔬飯飲水席地而息使還請罷官終喪制代宗以其毀瘠許之自餘能盡哀竭力以喪其親孝感當時名光後來者世不乏人此可謂喪則致其哀矣

古之祭禮詳矣不可徧舉孔子曰祭如在君子事死如事生事亡如事存齋三日乃見其所為齋者（忠之熟也）祭之日樂與哀半饗之必樂已至必哀外盡物內盡志入室僾然必有見乎其位周還出戶肅然必有聞乎

其容聲出戶而聽愾乎必有聞乎其嘆息之聲周還出戶謂薦設時也無戶者闔戶若食間則有出戶而聽之是故先王之孝也色不忘乎目聲不絶乎耳心志嗜欲不忘乎心致愛則存致慤則著著存不忘乎心夫安得不敬乎存著則謂其思念也齋乎其敬也愉愉乎其忠也勿勿諸其欲其饗之也勿勿猶勉勉也詩曰神之格思不可度思矧可斁思格至也矧況也斁猒也言孝子之享親盡其敬愛之心而已矣安知神之所處於彼乎於此乎況敢有猒怠之心乎此其大畧也

孟蜀太子賓客李鄠年七十餘享祖考猶親滌器人或代之不從以為無以達追慕之意此可謂祭則致其嚴矣

經曰身體髮膚受之父母不敢毀傷孝之始也

曾子有疾名門弟子曰啟予足啟予手鄭曰啟開也曾子以為身體受於父母不敢毀傷故使弟子開衾而視之詩云戰戰兢兢如臨深淵如履薄冰孔曰言此詩者喻己常慎恐有毀傷而今而後吾知免夫小子

樂正子春下堂而傷足數月不出猶有憂色門弟子曰

夫子之足瘳矣數月不出猶有憂色何也樂正子春曰善如爾之問也善如爾之問也吾聞諸曾子曾子聞諸夫子曰天之所生地之所養惟人為大父母全而生之子全而歸之可謂孝矣不虧其體不辱其身可謂全矣曾子聞諸夫子述曾子所聞於孔子之言故君子頃步而弗敢忘孝也今予忘孝之道予是以有憂色也一舉足而不敢忘父母一出言而不敢忘父母一舉足而不敢忘父母是故道而不徑舟而不游不敢以先父母之

遺體行殆一出言而不敢忘父母是故惡言不出於口忿言不反於身不辱其身不羞其親可謂孝矣徑步邪趨疾也

或曰親有危難則如之何亦憂身而不救乎曰非謂其然也孝子奉父母之遺體平居一毫不敢傷也及其狥仁蹈義雖赴湯火無所辭況救親於危難乎古以死狥其親者多矣

晉末烏程人潘綜遭孫恩亂攻破村邑綜與父驃共走

避賊驃年老行遲賊轉逼驃語綜我不能去汝走可脫幸勿俱死驃困乏坐地綜迎賊叩頭曰父年老乞賜生命賊至驃亦請賊曰兒少自能走今為老子不去孝子不惜死可活此兒賊因斫驃綜乃抱父於腹下賊斫綜頭面凡四創綜當時悶絶有一賊從傍來會曰卿舉大事此兒以死救父云何可殺殺孝子不祥賊乃止父子並得免

齊射聲校尉庾道愍所生母漂流交州道愍尚在繈褓

及長知之求為廣州綏寧府佐至府而去交州尚遠乃自負擔冒險自達及至州尋求母經年不獲日夜悲泣嘗入村日暮雨驟乃寄止一家有嫗負薪自外還道懸心動因訪之乃其母也於是俯伏號泣遠近赴之莫不揮淚

梁湘州主簿吉翂孚云切父天監初為原鄉令為吏所誣逮詣廷尉翂年十五號泣衢路祈請公卿行人見者皆為隕涕其父理雖清白而恥為吏訊乃虛自引咎

罪當大辟翂乃撾登聞鼓乞代父命武帝嘉異之尚以其童稚疑受教於人敕廷尉蔡法度嚴加脅誘取其欵實法度乃還寺盛陳徽纆厲色問曰爾求代父死敕已相許便應伏法然刀鋸至劇審能死否且爾童孺志不及此必人所教姓名是誰若有悔異亦相聽許對曰囚雖蒙弱豈不知死可畏憚顧諸弟幼藐唯囚為長不忍見父極刑自延視息所以內斷胸臆上干萬乘今欲殉身不測委骨泉壤此非細故奈何

受人教耶法度知不可屈撓乃更和顏誘語之曰主上知尊侯無罪行當釋亮覲君神儀明秀足稱佳童令若轉辭幸父子同濟奚以此妙年苦求湯鑊翂曰凡鯤鮞螻蟻尚惜其生況在人斯豈願虀粉但父挂深劾必正刑書故思殞仆冀延父命翂初見囚獄掾依法備加桎梏法度矜之命脫其二械更令著一小者翂弗聽曰翂求代父死死囚豈可減乎竟不脫械法度以聞帝乃宥其父子丹陽尹王志求其在廷尉

故事並諸鄉居欲於歲首舉充純孝𡸁曰異哉王尹何量𡸁之薄也夫父辱子死斯道固然若𡸁有靦面目當其此舉則是因父買名一何甚辱拒之而止此其章章尤著者也

家範卷四

欽定四庫全書

家範卷五

宋　司馬光　撰

子下

書稱舜烝烝乂不格姦何謂也曰言能以至孝和頑嚚昬傲使進進以善自治不至於大惡也

曾子耘瓜誤斬其根晳怒建大杖以擊其背曾子仆地而不知人久之乃蘇欣然而起進於曾晳曰嚮也參

得罪於大人用力教參得無疾乎退而就房援琴而歌欲令曾晳聞之知其體康也孔子聞之而怒告門弟子曰參來勿內曾參自以爲無罪使人請於孔子孔子曰汝不聞乎昔舜之事瞽瞍欲使之未嘗不在於側索而殺之未嘗可得小捶則待過大杖則逃走故瞽瞍不犯不父之罪而舜不失烝烝之孝今參事父委身以待暴怒殪而不避身既死而陷父於不義其不孝孰大焉汝非天子之民乎殺天子之民其罪

奚若曾參聞之曰參罪大矣遂造孔子而謝過此之謂也此章疑有缺文姑闕之以俟博學君子

或曰孔子稱色難色難者觀父母之志趣不待發言而後順之者也然則經何以貴於諫爭乎曰諫者為救過也親之命可從而不從是悖戾也不可從而從之則陷親於大惡然而不諫是路人故當不義則不可不爭也或曰然則爭之能無咈親之意乎曰所謂爭者順而止之志在必於從也孔子曰事父母幾諫包曰

幾者微也當微諫納善言於父母見志不從又敬不違勞而不怨包曰諫父母者見志有不從己諫之色則又當恭敬不違父母意而遂己之諫禮父母有過下氣怡色柔聲以諫諫若不入起敬起孝說則復諫起猶更也不說則與其得罪於鄉黨州閭寧孰諫子從父之命不可謂孝也父母怒不說而撻之流血不敢疾怨起敬起孝又曰事親有隱而無犯又曰父母有過諫而不逆又曰三諫而不聽則號泣而隨之言窮無所之也或曰諫則彰親之過柰何曰諫諸內隱諸外者也諫諸內則

親過不遠隱諸外故人莫得而聞也且孝子善則稱親過則歸已凱風曰母氏聖善我無令人其心如是夫又何過之彰乎

或曰子孝矣而父母不愛如之何曰責已而已昔舜父頑母嚚象傲日以殺舜為事舜往于田日號泣于旻天于父母仁覆愍下謂之旻天言舜初耕於歷山之時為父母所疾日號泣于旻王及父母克已自責不責於人負罪引慝祇載見瞽瞍夔夔齋慄瞽瞍亦允若誠之至也如瞽瞍者猶信而順之況不至是者

乎慝惡載事也夔夔齋慄敬懼之貌言舜負罪引慝敬以事見于父慄慄懼齋莊父亦信順之言能以至誠感頑父

曾子曰父母愛之喜而不忘父母惡之懼而弗怨

漢侍中薛包好學篤行喪母以至孝聞及父娶後妻而憎包分出之包日夜號泣不能去至被毆杖不得已廬於舍外旦入而灑埽父怒又逐之乃廬於里門昏晨不廢積歲餘父母慚而還之

晉太保王祥至孝早喪親繼母朱氏不慈數譖之由是

失愛於父每使埽除牛下祥愈恭謹父母有疾衣不解帶湯藥必親嘗有丹奈結實母命守之每風雨祥輒抱樹而泣其篤孝純至如此母終居喪毀悴杖而後起

西河人王延九歲喪母泣血三年幾至滅性每至忌月則悲泣三旬繼母卜氏遇之無道恒以蒲穰及敗麻頭與延貯衣其姑聞而問之延知而不言事母彌謹卜氏嘗盛冬思生魚敕延求而不獲杖之流血延尋

汾凌而哭忽有一魚長五尺踊出冰上延取以進母

卜氏心悟撫延如己生

齊始安王諮議劉渢父紹仕宋位中書郎渢母早亡紹

被敕納路太后兄女為繼室渢年數歲路氏不以為

子奴婢輩捶打之無期度渢母亡日輒悲啼不食彌

為婢輩所苦路氏生溓渢憐愛之不忍舍常在牀帳

側輒被驅捶終不肯去路氏病經年渢晝夜不離左

右每有增加輒流涕不食路氏病瘥感其意慈愛遂

隆路氏富盛一旦爲渢立齋宇筵席不減侯王

唐宣歙觀察使崔衍父倫爲左丞繼母李氏不慈於衍衍時爲富平尉倫使于吐蕃久方歸李氏衣敝衣以見倫倫問其故李氏稱倫使于蕃中衍不給衣食倫大怒名衍責詬命僕隸拉於地袒其背將鞭之衍泣涕終不自陳倫弟殷聞之趨往以身蔽衍杖不得下因大言曰衍每月俸錢皆送嫂處殷所具知何忍乃言衍不給衣食倫怒乃解由是倫遂不聽李氏之譖

及倫卒術事李氏益謹李氏所生次子郃每多取毋錢使其主以書契徵負於術術歲爲償之故術官至江州刺史而妻子衣食無所餘子誠孝而父母不愛則孝益彰矣何患乎

或曰妻子失親之意則如之何曰禮子甚宜其妻父母不說出宜猶善也子不宜其妻父母曰是善事我子行夫婦之禮焉沒身不衰

漢司隸校尉鮑永事後母至孝妻嘗於母前叱狗永去

之

齊征北司徒記室劉瓛音桓母孔氏甚嚴明瓛年四十餘未有婚對建元中高帝與司徒褚彥回為瓛娶王氏女王氏穿壁挂履土落孔氏牀上孔氏不悅瓛即出其妻

唐鳳閣舍人李迴秀母氏庶賤其妻崔氏常叱媵婢母聞之不悅迴秀即時出妻或止之曰賢室雖不避嫌疑然過非出狀何遽如此迴秀曰娶妻本以養親今

違忤顔色何敢畱也竟不從

後漢郭巨家貧養老母妻生一子三歳母嘗減食與之巨謂妻曰貧乏不能供給共汝埋子子可再有母不可再得妻不敢違巨遂掘坑二尺餘忽黃金一釜或曰郭巨非中道曰然以此教民民猶厚於慈而薄於孝

或曰五母在禮律皆同服凡人事嫡繼慈養之情烏能比於所生或者疑於僞與曰是何言之悖也在禮爲

人後者斬衰三年傳曰何以三年也受重者必以尊
服服之何如而可為之後同宗則可為之後如何而
可以為人後支子可也為所後者之祖父母妻妻之
父母昆弟昆弟之子若子若子者謂所為後之子如親子繼母如母
傳曰繼母何以如母繼母之配父與因母同故孝子
不敢殊也因猶親也慈母如母傳曰慈母者何也妾之無
子者妾子之無母者父命妾曰以為子命子曰女以
為母若是則生養之終其身如母死則喪之三年如

母貴父之命也況嫡母子之君也其尊至矣　梁中軍田曹行參軍庾沙彌嫡母劉氏寢疾沙彌晨昏侍側衣不解帶或應鍼灸輒以身先試及母亡水漿不入口累百初進大麥薄飲經十旬方爲薄粥終喪不食鹽醬冬日不衣綿纊夏日不解衰絰不出廬戶晝夜號慟鄰人不忍聞所坐薦淚霑爲爛墓在新林忽有旅松百許株枝葉鬱茂有異常松劉好噉甘蔗沙彌遂不復食之　漢丞相翟方進既富貴後母猶在

進供養甚篤太尉胡廣年八十繼母在堂朝夕瞻省旁無几杖言不稱老 漢顯宗命馬皇后母養肅宗肅宗孝性純篤母子慈愛始終無纖介之間帝既專以馬氏為外家故所生賈貴人不登極位賈氏親宗無受寵榮者及太后崩乃策書加貴人玉赤綬而已 古人有丁蘭者母早亡不及養乃刻木而事之彼賢者孝愛之心發於天性失其親而無所施至於刻木猶可事也况嫡繼慈養之存乎聖人順賢者之

心而為之禮豈有聖人而教人為偽者乎
葬者人子之大事死者以窀穸為安宅兆而未葬猶行
而未有歸也是以孝子雖愛親留之不敢久也古者
天子七月諸侯五月大夫三月士踰月誠由禮物有
厚薄奔赴有遠近不如是不能集也國家諸令王公
以下皆三月而葬葢以待同位外姻之會葬者適時
之宜更為中制也禮未葬不變服啜粥居倚廬寢苫
枕塊既虞而後有所變葢孝子之心以為親未獲所

安已不敢即安也

漢蜀郡太守廉范王莽大司徒丹之孫也父遭喪亂客死於蜀漢范遂流寓西州西州平歸鄉里年五十辭毋西迎父喪蜀郡太守張穆丹之故吏重資送范范無所受與客步負喪歸葭萌載船觸石破沒范抱持棺柩遂俱沒溺衆傷其義鉤求得之療救僅免於死卒得歸葬

宋會稽賈恩母亡未葬為鄰火所逼恩及妻桓氏號哭

奔救鄰近赴助棺櫬得免恩及栢氏俱燒死有司奏
改其里為孝義里蠲租布三世追贈恩顯親左尉
會稽郭原平父亡為塋壙凶功不欲假人已雖巧而不
解作墓乃訪邑中有塋墓者助之運力經時展勤久
乃閑練又自賣丁夫以供衆費窀穸之事儉而當禮
性無術學因心自然葬畢詣所買主執役無懈與諸
奴分務讓逸取勞主人不忍使每遣之原平服勤未
嘗暫替傭賃養母有餘聚以自贖

海虞令何子平母喪去官哀毀踰禮每至哭踊頓絶方蘇屬大明末東土饑荒繼以師旅八年不得營葬晝夜號哭常如袒括之日冬不衣絮暑不就清涼一日以數合米為粥不進鹽菜所居屋敗不蔽風日兄子伯興欲為葺理子平不肯曰我情事未伸天地一罪人耳屋何宜覆蔡興宗為會稽太守甚加矜賞為營

冢壙

新野庾震喪父母居貧無以葬賃書以營事至手掌穿

然後成葬事賢者於葬何如其汲汲也今世俗信術者妄言以為葬不擇地及歲月日時則子孫不利禍殃總至乃至終喪除服或十年或二十年或終身或累世猶不葬至為水火所漂焚他人所投棄失亡尸柩不知所之者豈不哀哉人所貴有子孫者為死而形體有所付也而既不葬則與無子孫而死道路者奚以異乎詩云行有死人尚或殣之況為人子孫乃忍棄其親而不葬哉

唐太常博士吕才叙葬書曰孝經云卜其宅兆而安厝之葢以窀穸既終永安體魄而朝市遷變泉石交侵不可前知故謀之龜筮近代或選年月或相墓田以爲一事失所禍及死生按禮天子諸侯大夫葬皆有月數則是古人不擇年月也春秋九月丁巳葬定公雨不克葬戊午日中乃克葬是不擇日也鄭簡公司墓之室當道毀之則朝而窆不毀則日中而窆子產不毀是不擇時也古之葬者皆於國都之北域有常

處是不擇地也今葬者以為子孫富貴貧賤夭壽皆因卜所致夫子文為令尹而三已柳下惠為士師而三黜討其丘壠未嘗改移而野俗無識妖巫妄言遂於躃踊之際擇葬地而希官爵荼毒之秋選葬時而規財利斯言至矣夫死生有命富貴在天固非葬所能移就使能移孝子何忍委其親不葬而求利於己哉世又有用羌胡法自焚其柩收燼骨而葬之者人習為常恬莫之怪嗚呼訛俗誖戾乃至此乎或曰旅

宦遠方貧不能致其柩不焚之何以致其就葬曰如

廉范輩宜其家富也延陵季子有言骨肉歸復於土

命也魂氣則無不之也舜為天子巡狩至蒼梧而殂

葬於其野彼天子猶然況士民乎必也無力不能歸

其柩即所亡之地而葬之不猶愈於毀焚乎或曰生

事之以禮死葬之以禮祭之以禮具此數者可以為

大孝乎曰未也天子以德教加於百姓刑於四海為

孝諸侯以保社稷為孝卿大夫以守其宗廟為孝士

以保其禄位為孝皆謂能成其先人之志不墜其業者也

晉庾袞父戒袞以酒袞嘗醉自責曰余廢先人之戒其何以訓人乃於父墓前自杖三十可謂能不忘訓辭矣

詩云題彼鶺鴒載飛載鳴我日斯邁而月斯征夙興夜寐無忝爾所生

經曰立身行道揚名於後世以顯父母孝之終也又曰

事親者居上不驕為下不亂在醜不爭居上而驕則亡為下而亂則刑在醜而爭則兵三者不除雖日用三牲之養猶為不孝也

內則曰父母雖沒將為善思貽父母令名必果將為不善思貽父母羞辱必不果（貽遺也　果決也）

公明儀問於曾子曰夫子可以為孝乎曾子曰是何言歟是何言歟君子之所謂孝者先意承志諭父母於道參直養者也安能為孝乎

曾子曰身也者父母之遺體也行父母之遺體敢不敬乎居處不莊非孝也事君不忠非孝也蒞官不敬非孝也朋友不信非孝也戰陳無勇非孝也五者不備烖及其親敢不敬乎亨孰羶薌嘗而薦之非孝也君子之所謂孝也國人稱願然曰幸哉有子如此所謂孝也已為人子能如是可謂之孝有終矣

家範卷五

欽定四庫全書

家範卷六

宋 司馬光 撰

女

禮女子十年不出（恒居內也）姆教婉娩聽從（婉謂言語也娩謂容貌也）執麻枲治絲繭織紝組紃學女事以共衣服（紃縧）觀於祭祀納酒漿籩豆菹醢禮相助奠（當及女時而知）十有五年而笄（謂應年許嫁者女子許嫁笄而字之其未許嫁二十而笄）二十而嫁古者婦人

先嫁三月祖廟未毁教于公宫祖廟既毁教于宗室教以婦德婦言婦容婦功教成祭之牲用魚芼之以蘋藻所以成婦順也謂與天子諸侯同姓者也嫁女者必就尊者教成之教之者女師也祖廟女所出之祖也公君也宗室宗子之家也婦德貞順也婦言辭令也婦容婉娩也婦功絲麻也祭之祭其所出之祖也魚蘋藻皆水物隂類也魚為俎實蘋藻為羹菜祭無牲牢告事耳非正祭也其祭盛用黍云君使有司告之宗子之家若其祖廟已毁則為壇而告焉

曹大家女戒曰今之君子徒知訓其男檢其書傳殊不知夫主之不可不事禮義之不可不存但教男而不

教女不亦蔽於彼此之教乎禮八歲始教之書十五而志於學矣獨不可依此以為教哉夫云婦德不必才明絶異也婦言不必辯口利辭也婦容不必顏色美麗也婦功不必工巧過人也清閑貞靜守節整齊行己有恥動靜有法是謂婦德擇辭而説不道惡語時然後言不厭於人是謂婦言盥浣塵穢服飾鮮潔沐浴以時身不垢辱是謂婦容專心紡績不好戲笑潔齊酒食以奉賓客是謂婦功此四者女之大德而

不可乏者也然為之甚易唯在存心耳凡人不學則不知禮義不知禮義則善惡是非之所在皆莫之識也於是乎有身為暴亂而不自知其非也禍辱將及而不知其危也然則為人皆不可以不學豈男女之有異哉是故女子在家不可以不讀孝經論語及詩禮畧通大義其女功則不過桑麻織績制衣裳為酒食而已至於刺繡華巧管絃歌詩皆非女子所宜習也古之賢女無不好學左圖右史以自儆戒

漢和熹鄧皇后六歲能史書史書周宣王太史籀所作大篆十五篇也前漢書曰教學童之書也十二通詩論語諸兄每讀經傳輒下意難問下意猶出意也志在典籍不問居家之事母常非之曰汝不習女工以供衣服乃更務學寧當舉博士耶后重違母言晝脩婦業暮誦經典家人號曰諸生其餘班婕妤曹大家之徒以學顯當時名垂後來者多矣

漢珠崖令女名初年十三珠崖多珠繼母連大珠以為係臂及令死當還葬法珠入於關者死繼母棄其係

臂珠其男年九歲好而取之置母鏡奩中皆莫之知遂與家室奉喪歸至海關海關候吏搜索得珠十枚於鏡奩中吏曰嘻此值法無可奈何誰當坐者初在左右心恐繼母去置奩中乃曰初坐之吏曰其狀如何初對曰君子不幸夫人解係臂去之初心惜之取置夫人鏡奩中夫人不知也吏將初劾之繼母意以為實然憐之因謂吏曰願且待幸無劾兒兒誠不知也兒珠妾之係臂也君不幸妾解去之心不忍棄且

置鏡奩中迫奉喪忽然忘之妾當坐之初固曰實初取之繼母又曰兒但讓耳實妾取之因涕泣不能自禁女亦曰夫人哀初之孤强名之以活初身夫人實不知也又因哭泣泣下交頸送喪者盡哭哀慟傍人莫不為酸鼻揮涕關吏執筆劾不能就一字關候垂泣終日不忍決乃曰母子有義如此吾寧坐之不忍加文母子相讓安知孰是遂棄珠而遣之既去乃知男獨取之

宋會稽寒人陳氏有女無男祖父母年八九十老無所知父篤癃疾母不安其室遇歲饑三女相率於西湖採菱蓴更日至市貨賣未嘗虧怠鄉里稱為義門多欲娶為婦長女自傷煢獨誓不肯行祖父母尋相繼卒三女自營殯葬為菴舍居墓側

又諸曁東滂里屠氏女父失明母痼病親戚相棄鄉里不容女移父母遠住紵舍晝採樵夜紡績以供養父母俱卒親營殯葬負土成墳鄉里多欲娶之女以無

兄弟誓守墳墓不嫁

唐孝女王和子者徐州人其父及兄為防秋卒戍涇州元和中吐蕃寇邊父兄戰死無子母先亡和子年十七聞父兄歿於邊披髪徒跣縗裳獨往涇州行丐取父兄之喪歸徐營葬植松栢翦髪壊形廬於墓所節度使王智興以狀奏之詔旌表門閭此數女者皆以單惸事其父母生則能養死則能葬亦女子之英秀也

唐奉天竇氏二女雖生長草野幼有志操永泰中羣盜數千人剽掠其村落二女皆有容色長者年十九幼者年十六匿巖穴間盜曳出之驅逼以前臨壑谷深數百尺其姊先曰吾寧就死義不受辱即投崖下而死盜方驚駭其妹從之自投折足敗面血流被體盜乃捨之而去京兆尹第五琦嘉其貞烈奏之詔旌表門閭永蠲其家丁役二女遇亂守節不渝視死如歸又難能也

漢文帝時有人上書齊太倉令淳于意有罪當刑詔獄逮繫長安意有五女隨而泣意怒罵曰生女不生男緩急無可使者於是少女緹縈傷父之言乃隨父西上書曰妾父為吏齊中稱其廉平今坐法當刑妾切痛死者不可復生而刑者不可復屬雖欲改過自新其道莫由終不可得妾願入身為官婢以贖父刑罪使得改行自新也書聞上悲其意此歲中亦除肉刑法緹縈一言而善天下蒙其澤後世賴其福所及遠

哉

後魏孝女王舜者趙郡人也父子春與從兄長忻不協齊亡之際長忻與其妻同謀殺子春舜時年七歲又二妹粲年五歲璠年二歲並孤苦寄食親戚舜撫育二妹恩義甚篤而舜隂有復讎之心長忻殊不備姊妹俱長親戚欲嫁輒拒不從乃密謂二妹曰我無兄弟致使父讎不復吾輩雖女子何用生為我欲共汝報復何如二妹皆垂涕曰唯姊所命夜中姊妹各持

刀踰牆入手殺長忻夫婦以告父墓因詣縣請罪姊妹爭為謀首州縣不能決文帝聞而嘉歎原罪禮父母之雠不與共戴天舜以幼女蘊志發憤卒袖白刃以揕雠人之胸豈可以壯男子反不如哉

孫

書曰辟不辟忝厥祖詩云無念爾祖聿脩厥德然則為人而怠於德是忘其祖也豈不重哉

晉李密犍為人父早亡母何氏改醮密時年數歲感戀

彌至烝烝之性遂以成疾祖母劉氏躬自撫養密奉事以孝謹聞劉氏有疾則泣側息未嘗解衣飲膳湯藥必先嘗後進仕蜀為郎蜀平泰始初詔徵為太子洗馬密以祖母年高無人奉養遂不應命上疏曰臣無祖母無以至今日祖母無臣無以終餘年母孫二人更相為命是以私情區區不敢棄遠臣密今年四十有四祖母劉氏今年九十有六是臣盡節於陛下之日長而報養劉氏之日短也烏鳥私情乞願終養

武帝矜而許之

齊彭城郡丞劉瓛音桓有至性祖母病疽經年手持膏藥漬指為爛

後魏張元芮城人世以純至為鄉里所推元年六歲其祖以其夏中熱欲將元就井浴元固不肯謂其貪戲乃以杖擊其頭曰汝何為不肯浴元對曰衣以蓋形為覆其褻元不能褻露其體於白日之下祖異而捨之年十六其祖喪明三年元恒憂泣晝夜讀佛經禮

拜以祈福祐每言天人師予元為孫不孝使祖喪明令願祖目見明元求代闇夜夢見一老翁以金鎞療其祖目於夢中喜躍遂即驚覺乃徧告家人三日祖目果明其後祖卧疾再周元恒隨祖所食多少衣冠不解旦夕扶侍及祖沒號踊絶而復蘇隨其父水漿不入口三日鄉里感嘆異之縣博士楊輒等二百餘人上其狀有詔表其門閭此皆為孫能養者也

唐僕射李公名訥有居第在長安脩行里其密鄰即故日

南楊相也（名收）丞相早歲與之有舊及登庸權傾天下相君選妓數輩以宰府不可外館棟宇無便事者獨書閣東鄰乃李公冗舍也意欲吞之垂涎少俟且遲遲於發言忽一日謹致一函以為必遂及復札大失所望又踰月召李公之吏得言者欲以厚價購之或曰水竹别墅交質李公復不許又逾月乃授公之子弟官冀其稍動初意竟亡迴命有王處士者知書善棊加之敏辯李公寅夕與之同處丞相密召以誠告

之託其諷諭王生忭奉其旨勇於展効然以李公褊直伺良便者久之一日公遘病生獨侍前公謂曰筋衰骨虛風氣因得乘間而入所謂空穴來風枳枸來巢也生對曰然向聆西院梟集樹杪其心憂之果致微恙空院之來妖禽猶枳枸來巢矣且知齋器換縉未如鬻之以贍醫藥李公卞急揣知其意怒髮上植厲聲曰男子寒死餒死鵩窺而死亦其命也先人之敝廬不忍為權貴優笑之地揮手而別自是王生及

門不復援矣

平盧節度使楊損初為殿中侍御史家新昌里與路巖第接巖方為相欲易其廐以廣第損宗族仕者十餘人議曰家世盛衰繫權者喜怒不可拒也損曰今尺寸土皆先人舊物非吾等所有安可奉權臣邪窮達命也卒不與巖不恱使損按獄黔中年餘還彼室宅尚以家世舊物不忍棄失況諸侯之於社稷大夫之於宗廟乎為人孫者可不念哉

伯叔父

禮服兄弟之子猶子也蓋聖人緣情制禮非引而進之也

漢第五倫性至公或問倫曰公有私乎對曰吾兄子嘗病一夜十往退而安寢吾子有病雖不省視而竟夕不眠若是者豈可謂無私乎伯魚賢者豈肯厚其兄子不如其子哉直以數往視之故心安終夕不視故心不安耳而伯魚更以此語人益所以見其公也

宗正劉平更始時天下亂平弟仲爲賊所殺其後賊復

忽然而至平扶侍其母奔走逃難仲遺腹女始一歲

平抱仲女而棄其子母欲還取平不聽曰力不能兩

活仲不可以絶類遂去而不顧

侍中淳于恭兄崇卒恭養孤幼教誨學問有不如法輒

反杖用自杖箠以感悟之兒慙而改過

侍中薛包弟子求分財異居包不能止乃中分其財奴

婢引其老者曰與我共事久若不能使也田廬取其

荒頓(埤雅廢也)者曰吾少時所理意所戀也器物取其朽敗者曰我素所服食身口所安也弟子數破其產輒復賑給

晉右僕射鄧攸永嘉末石勒過泗水攸以牛馬負妻子而逃又遇賊掠其牛馬步走擔其兒及其弟子綏度不能兩全乃謂其妻曰吾弟早亡唯有一息理不可絶止應自棄我兒耳幸而得存我後當有子妻泣而從之乃棄其子而去卒以無嗣時人義而哀之為之

語曰天道無知使鄧伯道無兒弟子綏服攸喪三年

太尉郗鑒少值永嘉亂在鄉里甚窮餒鄉人以鑒名德傳共飯之時兄子邁外甥周翼並小常攜之就食鄉人曰各自饑困以君賢欲共相濟耳恐不能兼有所存鑒於是獨往食訖以飯着兩頰邊還吐與二兒後並得存同過江邁位至護軍翼為剡縣令鑒之薨也翼追撫育之恩解職而歸席苫心喪三年世有殺其孤規財利者獨何心哉

姪

宋義興人許昭先叔父肇之坐事繫獄七年不判子姪二十許人昭先家最貧薄專獨伸訴無日在家餉饋肇之莫非珍新資產既盡賣宅以充之肇之諸子倦怠惟昭先無有懈息如是七載尚書沈演之嘉其操行肇之事由此得釋

唐柳泌叙其父天平節度使仲郢行事云事季父太保名公權如事元公名公綽非甚疾見太保未嘗不束帶任

大京兆鹽鐵使通衢遇太保必下馬端笏俟太保馬過方登車每暮束帶迎太保馬首候起居太保屢以為言終不以官達稍改太保常言於公卿間云元公之子事其如事嚴父古之賢者事諸父如父禮也

家範卷六

欽定四庫全書

家範卷七

宋　司馬光　撰

兄

凡為人兄不友其弟者必曰弟不恭于我自古為弟而不恭者孰若象萬章問於孟子曰父母使舜完廪捐階瞽瞍焚廪使浚井出從而揜之（完治廪倉階梯也使舜登廪屋而捐去其階焚燒其廪也一說旋階舜即旋從階下瞽瞍不知其已下故焚廪也使舜浚井舜入而即出瞽瞍

不知已出從而葢其井以為死矣象曰謨葢都君咸我績象舜異母弟謨謀葢覆也都於也君舜也舜有牛羊倉廩之奉故謂之君咸皆績功也象言謀覆於君而殺之者皆我之功欲與父母分舜之有取其善者故引其功也牛羊父母倉廩父母欲以牛羊倉廩與其父母干戈朕琴朕弤朕二嫂使治朕棲張都禮切干楯戈戟也琴舜所彈五絃琴也弤彫弓也天子曰彤弓堯禪舜天下故賜之彫弓也棲牀也二嫂娥皇女英治牀欲以為妻也象往入舜宮舜在牀琴象曰鬱陶思君爾忸怩象見舜坐在牀鼓琴愕然反辭曰我鬱陶思君故來見君也忸怩而慙是其色也舜曰惟茲臣庶汝其于予治茲此也象素憎舜不至其宮也故舜見來而喜曰惟念此臣衆汝故助我

治耳不識舜不知象之將殺已與萬章言我不知舜不知象之將殺已與為好言順辭以答象也曰奚而不知也象憂亦憂象喜亦喜奚何也孟子曰舜何為不知象殺已也仁人愛其弟憂喜隨之象方言思君故以順辭答之曰然則舜偽喜者與偽詐也萬章言如是則為舜非至誠而詐喜以悅人矣曰否昔者有饋生魚於鄭子產子產使校人畜之池校人烹之反命曰始舍之圉圉焉少則洋洋焉攸然而逝子產曰得其所哉得其所哉孟子言否云舜不詐喜也因為說子產以喻之子產鄭國公子公孫僑大賢人也校人主池沼小吏也圉圉魚在水羸劣之貌洋洋舒緩搖尾之貌攸然迅走水趣深處

也故曰得其所哉重言之喜得魚之志也校人出曰孰謂子產智予既烹而食之曰得其所哉得其所哉故君子可欺以其方難罔以非其道彼以愛兄之道來故誠信而喜之奚偽焉方類也君子可以事類欺故子產不知校人之食其魚象以其愛兄之言來向舜是亦其類也故誠信之而喜何偽喜也萬章問曰象日以殺舜為事立為天子則放之何也怪舜放之何故孟子曰封之也或曰放焉舜封象於有庳或有人以為放之萬章曰舜流共工于幽州放驩兜于崇山殺三苗于三危殛鯀于羽山四罪而天下咸服誅

不仁也象至不仁封之有庳有庳之人奚罪焉仁者固如是乎在他人則誅之在弟則封之舜誅四侫以其惡也象惡亦甚而封之仁人用心當如是乎罪在他人當誅之在弟則封之曰仁人之於弟也不藏怒焉不宿怨焉親愛之而已矣親之欲其貴也愛之欲其富也封之有庳富貴之也身為天子弟為匹夫可謂親愛之乎孟子言仁人於弟不問善惡親愛之而已封者欲使富貴耳身為天子弟雖不仁豈可使為匹夫也敢問或曰放者何謂也萬章問放之意曰象不得有為於其國天子使吏治其國而納其貢稅

焉故謂之放豈得暴彼民哉象不得施敎於其國天子使吏代其治而納貢稅與之比諸見放也有庳雖不得賢君象亦不侵其民也雖然欲常常而見之故源源而來不及貢以政接於有庳雖不使象得豫政事舜以兄弟之恩欲常常見之無已故源源而來如流水之與源通不及貢者不待朝貢諸侯常禮乃來也其間歲歲自至京師謂若天子以政事接見有庳之君者實親親之恩也然則弟之不恭益所以彰兄之友也

漢丞相陳平少時家貧好讀書有田三十畝獨與兄伯居伯常耕田縱平使游學平為人長美色人或謂陳平貧何食而肥若是其嫂嫉平之不視家產曰亦食

糠覈耳覈音紇麥糠中不破者也有叔如此不如無有伯聞之逐其婦而棄之

御史大夫卜式本以田畜為事有少弟弟壯式脱身出獨取畜羊百餘田宅財物盡與弟式入山牧十餘年羊致千餘頭買田宅而弟盡破其産式輒復分與弟者數矣

隋吏部尚書牛宏弟弼好酒酗嘗醉射殺宏駕車牛宏還宅其妻迎謂曰叔射殺牛宏聞無所怪問直答曰

作脯坐定其妻又曰叔忽射殺牛大是異事宏曰已知顔色自若讀書不輟

唐朔方節度使李光進弟河東節度使光顔先娶婦母委以家事及光進娶婦母已亡光顔妻籍家財納管鑰於光進妻光進妻不受曰娣婦逮事先姑且受先姑之命不可改也因相持而泣卒令光顔妻主之矣

平章事韓滉有幼子夫人柳氏所生也弟湟戲於掌上誤墜階而死滉禁約夫人勿悲啼恐傷叔郎意為兄

如此豈妻妾它人所能閒哉

弟

弟之事兄主於敬愛齊射聲校尉劉璡音津兄瓛夜隔壁呼璡璡不答方下牀着衣立然後應瓛怪其久璡曰向東帶未竟

梁安成康王秀於武帝布衣昆弟及為君臣小心畏敬過於疎賤者帝益以此賢之若此可謂能敬矣

後漢議郎鄭均兄為縣吏頗受禮遺均數諫止不聽即

脫身為傭歲餘得錢帛歸以與兄曰物盡可復得為吏坐贓終身捐棄兄感其言遂為廉潔均好義篤實養寡嫂孤兄恩禮甚至

晉咸寧中疫潁川庾袞二兄俱亡次兄毗復危殆癘氣方熾父母諸弟皆出次於外袞獨留不去諸父兄強之乃曰袞性不畏病遂親自扶持晝夜不眠其間復撫柩哀臨不輟如此十有餘旬疫勢既歇家人乃反毗病得差袞亦無恙父老咸曰異哉此子守人所不

能守行人所不能行歲寒然後知松栢之後凋始知疫癘之不相染也

右光祿大夫顏含兄畿咸寧中得疾就醫自療遂死於醫家家人迎喪旐每繞樹而不可解引喪者顛仆稱畿言曰我壽命未死但服藥太多傷我五臟耳今當復活慎無葬也其兄祝之曰若爾有命復生豈非骨肉所願今但欲還家不爾葬也旐乃解及還其婦夢之曰吾當復生可急開棺婦頗說之其夕母及家人

又夢之即欲開棺而父不聽含時尚少乃慨然曰非常之事古則有之今靈異至此開棺之痛孰與不開相負父母從之乃共發棺有生驗以手刮棺指爪盡傷氣息甚微存亡不分矣飲哺將護累月猶不能語飲食所須託之以夢闔家營視頓廢生業雖在母妻不能無倦矣含乃絶棄人事躬親侍養足不出戶者十有三年石崇重含淳行贈以甘旨含謝而不受或問其故答曰病者綿昧生理未全既不能進噉又未

識人惠若當謬留豈施者之意也𢦏竟不起含二親既終兩兄既沒次嫂樊氏因疾失明含課勵家人盡心奉養日自嘗省藥饌察問息耗必簪屨束帶以至病愈

後魏王平太守陸凱兄琇坐咸陽王禧謀反事被收卒於獄凱痛兄之死哭無時節目幾失明訴寃不已備盡人事至正始初世宗復琇官爵凱大喜置酒集諸親曰吾所以數年之中抱病忍死者顧門戶計爾逝

者不追令顧畢矣遂以其年卒

唐英公李勣貴為僕射其姊病必親為燃火煑粥火焚其鬚鬢姊曰僕射妾多矣何為自苦如是勣曰豈為無人耶顧令姊年老勣亦老雖欲乆為姊煑粥復可得乎若此可謂能愛矣

夫兄弟至親一體而分同氣異息詩云凡今之人莫如兄弟又云兄弟鬩于牆外禦其侮言兄弟同休戚不可與他人議之也若已之兄弟且不能愛何況他人

已不愛人人誰愛已人皆莫之愛而患難不至者未之有也詩云毋獨斯畏此之謂也兄弟手足也今有人斷其左足以益右手庸何利乎虺一身兩口爭食相齕遂相殺也爭利而相害何異於虺乎

顏氏家訓論兄弟曰方其幼也父母左提右挈前襟後裾食則同案衣則傳服學則連業遊則共方雖有悖亂之人不能不相愛也及其壯也各妻其妻各子其子雖有篤厚之人不能不少衰也娣姒之比兄弟則

疎薄矣今使疎薄之人而節量親厚之恩猶方底而圓蓋必不合也唯友悌深至不為傍人之所移者可免夫兄弟之際異於他人望深雖易怨比他親則易弭譬猶居室一穴則塞之一隙則塗之無頹毀之慮如雀鼠之不卹風雨之不防壁陷楹淪無可救矣僕妾之為雀鼠妻子之為風雨甚哉兄弟不睦則子姪不愛子姪不愛則羣從疏薄羣從疏薄則童僕為讎敵矣如此則行路皆踖其面而蹈其心誰救之哉人

或交天下之士皆有權愛而失敬於兄者何其能多而不能少也人或將數萬之師得其死力而失恩於弟者何其能疎而不能親也娣姒者多爭之地也所以然者以其當公務而就私情處重責而懷薄義也若能恕己而行換子而撫則此患不生矣人之事兄不同於事父何怨愛弟不如愛子乎是反照而不明也

吳太伯及弟仲雍皆周太王之子而王季歷之兄也季

歷賢而有聖子昌太王欲立季歷以及昌於是太伯仲雍二人乃奔荆蠻文身斷髮示不可用以迎季歷季歷果立是為王季而昌為文王太伯之奔荆蠻自號句吳荆蠻義之從而歸之千餘家立為吳太伯孔子曰太伯其可謂至德也已矣三以天下讓民無得而稱焉

伯夷叔齊孤竹君之二子也父欲立叔齊及父卒叔齊讓伯夷伯夷曰父命也遂逃去叔齊亦不肯立而逃

之國人立其中子

宋宣公捨其子與夷而立穆公穆公疾復捨其子馮而立與夷君子曰宣公可謂知人矣立穆公其子饗之

命以義夫

吳王壽夢卒有子四人長曰諸樊次曰餘祭次曰夷昧次曰季札季札賢而壽夢欲立之季札讓不可於是乃立長子諸樊諸樊卒有命授弟餘祭欲傳以次必致國於季札而止季札終逃去不受

漢扶陽侯韋賢病篤長子太常丞宏坐宗廟事繫獄罪未決室家問賢當為後者賢恚恨不肯言於是賢門下生博士義倩等與室家計共矯賢令使家丞上書言大行以大河都尉元成為後賢薨元成在官聞喪又言當為嗣元成深知其非賢雅意即陽為病狂臥便利中笑語昏亂徵至長安既葬當襲爵以狂不應名大鴻臚奏狀章下丞相御史案驗遂以元成實不病劾奏之有詔勿劾引拜元成不得已受爵宣帝高

其節時上欲淮陽憲王為嗣然因太子起於細微又早失母故不忍也久之上欲感風憲王輔以禮讓之臣乃名拜元成為淮陽中尉

陵陽侯丁綝卒子鴻當襲封上書讓國於弟成不報既葬挂衰絰於冢廬而逃去鴻與九江人鮑駿相友善及鴻亡封與駿遇於東海陽狂不識駿駿乃止而讓之曰春秋之義不以家事廢王事今子以兄弟私恩而絶父不滅之基可謂智乎鴻感語垂涕乃還就國

居巢侯劉般卒子愷當襲爵讓於弟憲遁逃避封久之章和中有司奏請絶愷國肅宗美其義將優假之愷猶不出積十餘歲至永元十年有司復奏之侍中賈逵上書稱愷有伯夷之節宜蒙矜宥全其先公以增聖朝尚德之美和帝納之下詔曰王法崇善成人之美其聽憲嗣爵遭事之宜後不得以為比乃徵愷拜為郎

後魏高涼王孤平文皇帝之第四子也多才藝有志畧

烈帝之前元年國有内難昭成為質於後趙烈帝臨

崩顧命迎立昭成及崩羣臣咸以新有大故昭成來

未可果宜立長君次弟屈剛猛多變不如孤之寛和

柔順於是大人梁蓋等殺屈共推孤為嗣孤不肯乃

自詣鄴奉迎請身留為質石季龍義而從之昭成即

王位乃分國半部以與之然兄弟之際宜相與盡誠

若徒事形迹則外雖友愛而内實乖離矣

宋祠部尚書蔡廓奉兄軌如父家事大小皆諮而後行

公禄賞賜一皆入軌有所資須悉就典者請焉從武帝在彭城妻郗氏書求夏服時軌為給事中廓答書曰知須夏服計給事自應相供無容別寄嚮使廓從妻言乃乖離之漸也

梁安成康王秀與弟始興王憺友愛尤篤憺久為荆州刺史常以所得中分秀秀稱心受之不辭多也若此可謂能盡誠矣

衛宣公惡其長子急子使諸齊使盜待諸莘將殺之弟

壽子告之使行不可曰棄父之命惡用子矣有無父之國則可也及行飲以酒壽子載其旌以先盜殺之急子至曰我之求也此何罪請殺我乎又殺之

王莽末天下亂人相食沛國趙孝弟禮為餓賊所得孝聞之即自縛詣賊曰禮久餓羸瘦不如孝肥餓賊大驚並放之謂曰且可歸更持米糒來孝求不能得復往報賊願就烹衆異之遂不害鄉黨服其義

北漢淳于恭兄崇將為盜所烹恭請代得俱免又齊國

兒萌梁郡車成二人兄弟並見執於赤眉將食之萌成叩頭乞以身代賊亦哀而兩釋焉

宋大明五年發三五丁彭城孫棘弟薩應充行坐違期不至棘詣郡辭列棘為家長令弟不行罪應百死乞以身代薩薩又辭列自引太守張岱疑其不實以棘薩各置一處報云聽其相代顔色並悅甘心赴死棘妻許又寄語屬棘君當門戶豈可委罪小郎且大家臨亡以小郎屬君竟未妻娶家道不立君已有二兒

死復何恨岱依事表上孝武詔特原罪州加辟命并賜帛二十匹

梁江陵王元紹孝英子敏兄弟三人特相愛友所得甘旨新異非共聚食必不先嘗孜孜色貌相見如不足者及西臺陷没元紹以鬚面魁梧為兵所圍二弟共抱各求代死解不可得遂并命云賢者之於兄弟或以天下國邑讓之或爭相為死而愚者爭錙銖之利一朝之忿或鬭訟不已或干戈相攻至於破國滅家

為他人所有烏在其能利也哉正由智識褊淺見近小而遺遠大故耳豈不哀哉詩云彼令兄弟綽綽有裕不令兄弟交相為瘉其是之謂歟子產曰直鈞幼賤有罪然則兄弟而及於爭雖俱有罪弟為甚矣世之兄弟不睦者多由異母或前後嫡庶更相憎嫉母既殊情子亦異黨

晉太保王祥繼母朱氏遇祥無道朱子覽年數歲見祥被楚撻輒涕泣抱持至於成童每諫其母少止凶虐

朱屢以非理使祥覽輒與祥俱又虐使祥妻覽妻亦趨而共之朱患之乃止祥喪父之後漸有時譽朱深疾之密使酖祥覽知之徑起取酒祥疑其有毒爭而不與朱遽奪反之自後朱賜祥饌覽先嘗朱輒懼覽致斃遂止覽孝友恭恪名亞於祥仕至光禄大夫

後魏僕射李冲兄弟六人四母所出頗相忿鬩及冲之貴封禄恩賜皆與共之內外輯睦父亡後同居二十餘年更相友愛久無間然皆冲之德也

北齊南汾州刺史劉豐八子俱非嫡妻所生每一子所生喪諸子皆為制服三年武平仲暐所生喪諸弟並請解官朝廷義而不許

唐中書令韋嗣立黄門侍郎承慶異母弟也母王氏遇承慶甚嚴每有杖罰嗣立必解衣請代母不聽輒私自杖母察知之漸加恩貸兄弟苟能如此奚異母之足患哉

姑姊妹

齊攻魯至其郊望見野婦人抱一兒攜一兒而行軍且及之棄其所抱抱其所攜而走於山兒隨而啼婦人疾行不顧齊將問兒曰走者爾母耶曰是也母所抱者誰也曰不知也齊將乃追之軍士引弓將射之曰止不止吾將射爾婦人乃還齊將問之曰所抱者誰也所棄者誰也婦人對曰所抱者妾兄之子也棄者妾之子也見軍之至將及於追力不能兩護故棄妾之子齊將曰子之於母其親愛也痛甚於心今釋之

而反抱兄之子何也婦人曰己之子私愛也兄之子公義也夫背公義而向私愛亡兄子而存妾子幸而得免則魯君不吾畜大夫不吾養庶民國人不吾與也夫如是則脅肩無所容而累足無所履也子雖痛乎獨謂義何故忍棄子而行義不能無義而視魯國於是齊將案兵而止使人言於齊君曰魯未可伐乃至於境山澤之婦人耳猶知持節行義不以私害公而況於朝臣士大夫乎請還齊君許之魯君聞之賜

束帛百端號曰義姑姊

梁節姑姊之室失火兄子與己子在室中欲取其兄子輒得其子獨不得兄子火盛不得復入婦人將自趣火其友止之曰子本欲取兄之子惶恐卒誤得爾子中心謂何何至自赴火婦人曰梁國豈可戶告人曉也被不義之名何面目以見兄弟國人哉吾欲復投吾子為失母之恩吾勢不可以生遂赴火而死

漢郃陽任延壽妻季兒有三子季兒兄季宗與延壽爭

葬父事延壽與其友田建陰殺季宗建獨坐死延壽會赦乃以告季兒季兒曰嘻獨令乃語我乎遂振衣欲去問曰所與共殺吾兄者為誰曰與田建田建已死獨我當坐之汝殺我而已季兒曰殺夫不義事兄之讎亦不義延壽曰吾不敢留汝願以車馬及家中財物盡以送汝惟汝所之季兒曰吾當安之兄死而讎不報與子同枕席而使殺吾兄內不能和夫家外又縱兄之仇何面目以生而戴天履地乎延壽慙而

去不敢見季皃季皃乃告其大女曰汝父殺吾兄義不可以留又終不復嫁矣吾去汝而死汝善視汝兩弟遂以繦自經而死左馮翊王讓聞之大其義令縣復其三子而表其墓

唐冀州女子王阿足早孤無兄弟唯姊一人阿足初適同縣李氏未有子而亡時年尚少人多聘之為姊年老孤寡不能捨去乃誓不嫁以養其姊每晝營田業夜便紡績衣食所須無非阿足出者如此二十餘年

及姊喪葬送以禮鄉人莫不稱其節行競令妻女求與相識後數歲竟終於家

夫

夫婦之道天地之大義風化之本原也可不重歟易艮下兌上咸彖曰止而説男下女故娶女吉也巽下震上恒彖曰剛上而柔下雷風相與葢久常之道也是故禮壻冕而親迎御輪三周所以下之也既而壻乘車先行婦車從之反尊卑之正也家人初六閑有家

悔亡正家之道靡不在初初而驕之至於狼犺浸不可制非一朝一夕之所致也昔舜為匹夫耕漁於田澤之中妻天子之二女使之行婦道於翁姑非身率以禮義能如是乎

漢鮑宣妻桓氏字少君宣嘗就少君父學父奇其清苦故以女妻之裝送資賄甚盛宣不悅謂妻曰少君生富驕習美飾而吾實貧賤不敢當禮妻曰大人以先生脩德守約故使賤妾侍執巾櫛既奉承君子唯命

是從宣笑曰能如是是吾志也妻乃悉歸侍御服飾更着短布裳與宣共挽鹿車歸鄉里拜姑畢提甕出汲脩行婦道鄉邦稱之

扶風梁鴻家貧而介潔勢家慕其高節多欲妻之鴻並絶不許同縣孟氏有女狀肥醜而黑力舉石臼擇對不嫁行年三十父母問其故女曰欲得賢如梁伯鸞者鴻聞而聘之女求作布衣麻屨織作筐篚緝績之具及嫁始以裝飾入門七日而鴻不答妻乃跪牀下

請曰切聞夫子高義簡斥數婦妾亦偃蹇數夫矣今而見擇敢不請罪鴻曰吾欲裘褐之人可與俱隱深山者爾今乃衣綺縞傅粉墨豈鴻所願哉妻曰以觀夫子之志爾妾自有隱居之服乃更椎髻着布衣操作具而前鴻大喜曰此真梁鴻之妻也能奉我矣字之曰德曜遂與偕隱是皆能正其初者也夫婦之際以敬為美

晉臼季使過兾見兾缺耨其妻饁之敬相待如賓與之

歸言諸文公曰敬德之聚也能敬必有德德以治民君請用之文公從之卒為晉名卿

漢梁鴻避地於吳依大家臯伯通居廡下為人賃舂每歸妻為具食不敢於鴻前仰視舉案齊眉伯通察而異之曰彼傭能使其妻敬之如此非凡人也方舍之於家

晉太宰何曾閨門整肅自少及長無聲樂嬖幸之好年老之後與妻相見皆正衣冠相待如賓已南向妻北

面再拜上酒酬酢既畢便出一歲如此者不過再三焉若此可謂能敬矣

昔莊周妻死鼓盆而歌漢山陽太守薛勤喪妻不哭臨殯曰幸不為夭夫何恨太尉王龔妻亡與諸子並杖行服時人兩譏之晉太尉劉實喪妻為廬杖之制終喪不御肉輕薄笑之實不以為意彼莊薛棄義而王劉循禮其得失豈不殊哉何譏笑焉

易恒六五恒其德貞婦人吉夫子凶象曰婦人貞吉從

一而終也夫子制義從婦凶也丈夫生而有四方之志威令所施大者天下小者一官而近不行於室家為一婦人所制不亦可羞哉昔晉惠帝為賈后所制廢武悼楊太后於金墉絶膳而終囚愍懷太子於許昌尋殺之唐肅宗為張后所制遷上皇於西内以憂崩建寧王倓以忠孝受誅彼二君者貴為天子制於悍妻上不能保其親下不能庇其子況於臣民自古及今以悍妻而乖離六親敗亂其家者可勝數哉然

則悍妻之為害大也故凡娶妻不可不慎擇也旣娶而防之以禮不可不在其初也其或驕縱悍戾訓厲禁約而終不從不可以不棄也夫婦以義合義絶則離之今士大夫有出妻者衆則非之以為無行故士大夫難之按禮有七出顧所以出之用何事耳若妻實犯禮而出之乃義也昔孔氏三世出其妻其餘賢士以義出妻者衆矣奚虧於行哉苟室有悍妻而不出則家道何日而寧乎

家範卷七

家範卷八

宋 司馬光 撰

妻上

太史公曰夏之興也以塗山而桀之放也以妹喜殷之興也以有娀紂之殺也嬖妲巳周之興也以姜嫄及大任而幽王之擒也淫於褒姒故易基乾坤詩始關雎夫婦之際人道之大倫也禮之用唯婚姻為兢兢

夫樂調而四時和陰陽之變萬物之統也可不慎歟

為人妻者其德有六一曰柔順二曰清潔三曰不妬

四曰儉約五曰恭謹六曰勤勞夫天也妻地也夫日

也妻月也夫陽也妻陰也天尊而處上地卑而處下

日無盈虧月有圓缺陽唱而生物陰和而成物故婦

人專以柔順為德不以强辯為美也漢曹大家作女

戒其首章曰古者生女三日卧之牀下明其卑弱主

下人也謙讓恭敬先人後已有善莫名有惡莫辭忍

辱含垢常若畏懼又曰陰陽殊性男女異行陽以剛為德陰以柔為用男以強為貴女以柔為美故鄙諺有云生男如狼猶恐其尫生女如鼠猶恐其虎然則修身莫若敬避強莫若順故曰敬順之道婦人之大禮也又曰婦人之得意於夫主由舅姑之愛已也舅姑之愛已由叔妹之譽已也由此言之我臧否譽毀一由叔妹叔妹之心誠不可失也皆知叔妹之不可失而不能和之以求親其蔽也哉自非聖人鮮能無

過雖以賢女之行聰哲之性其能備乎是故室人和則謗掩外內離則惡揚此必然之勢也夫叔妹者體敵而名尊恩疎而義親若淑媛謙順之人則能依義以篤好崇恩以結援使徽美顯章而瑕過隱塞舅姑矜善而夫主嘉美聲譽曜於邑隣休光延於父母若夫蠢愚之人於叔則託名以自高於妹則因寵以驕盈驕盈既施何和之有恩義既乖何譽之臻是以美隱而過宣姑忿而夫愠毀訾布于中外恥辱集於厥

身進增父母之羞退益君子之累斯乃榮辱之本而顯否之基也可不慎哉然則求叔妹之心固莫尚於謙順矣謙則德之柄順則婦之行兼斯二者足以和矣若此可謂能柔順矣妻者齊也一與之齊終身不改故忠臣不事二主貞女不事二夫易曰柔順利貞君子攸行又曰用六利永貞晏子曰妻柔而正言婦人雖主于柔而不可失正也故后妃踰國必乘安車輜軿下堂必從傅母保阿進退則鳴玉環珮內飾則

結紉綢繆〔在内親身衣服也常結紉以自纏顔師古曰組紐之屬所以自結故也〕野處則帷裳壅蔽所以正心一意自斂制也詩云自伯之東首如飛蓬豈無膏沐誰適為容〔適主也〕故婦人夫不在不為容飾禮也

衛世子共伯早死其妻姜氏守義父母欲奪而嫁之誓而不許作栢舟之詩以見志

宋共公夫人伯姬魯人也寡居三十五年至景公時伯姬之宮夜失火左右曰夫人少避火伯姬曰婦人之

義保傅不具夜不下堂待保傅之來也保母至矣傅母未至也左右又曰夫人少避火伯姬不從遂逮於火而死

楚昭王夫人貞姜齊女也王出遊留夫人漸臺之上而去王聞江水大至使使者迎夫人忘持其符使者至請夫人出夫人曰王與宫人約令召宫人必持符今使者不持符妾不敢從使曰今水方大至還而取符則恐後矣夫人不從於是使者反取符未還則水大

至臺崩夫人流而死

蔡人妻宋人之女也既嫁而夫有惡疾其母將再嫁之女曰夫人之不幸也奈何去之適人之道一與之醮終身不改不幸遇惡疾彼無大故又不遣妾何以得去終不聽

梁寡婦高行榮於色而美於行早寡不嫁梁貴人多爭欲娶之者不能得梁王聞之使相聘焉高行曰妾夫不幸早死妾守養其幼孤貴人多求妾者幸而得免

令王又重之妾聞婦人之義一往而不改以全貞信之節今慕貴而忘賤棄義而從利無以為人乃援鏡持刀以割其鼻曰妾已刑矣所以不死者不忍幼弱之重孤也王之求妾以其色也今刑餘之人殆可釋矣於是相以報王王大其義而高其行乃復其身尊其號曰高行

漢陳孝婦年十六而嫁未有子其夫當行戍夫且行時屬孝婦曰我生死未可知幸有老母無他兄弟備養

吾不還汝肯養吾母乎婦應曰諾夫果死不還婦乃養姑不衰慈愛愈固紡績織絍以為家業終無嫁意居喪三年父母哀其年少無子而早寡也將取而嫁之孝婦曰夫行時屬妾以其老母妾既許諾之夫養人老母而不能卒許人以諾而不能信將何以立于世欲自殺其父母懼而不敢嫁也遂使養其姑二十八年姑八十餘以天年終盡賣其田宅財物以葬之終奉祭祀淮陽太守以聞孝文皇帝使使者賜黄金

四十斤復之終身無所與號曰孝婦

吳許升妻呂榮郡遭寇賊榮踰垣走賊持刀追之賊曰從我則生不從我則死榮曰義不以身受辱寇虜也遂殺之是日疾風暴雨雷電晦冥賊惶恐叩頭謝罪乃殯葬之

劉沛長卿妻五更桓榮之孫也生男五歲而長卿卒妻防遠嫌疑不肯歸寧兒年十五晚又夭殁妻慮不免乃豫刑其耳以自誓宗婦相與愍之共謂曰若家殊

無他意假令有之猶可因姑姊妹以表其誠何貴義輕身之甚哉對曰昔我先君五更學為儒宗尊為帝師五更以來歷代不替男以忠孝顯女以貞順稱詩云無忝爾祖聿修厥德是以豫自刑剪以明我情沛相王吉上奏高行顯其門閭號曰行義桓釐縣邑有祀必膰焉

度遼將軍皇甫規卒時妻年猶盛而容色美後董卓為相國聞其名聘以軿輜百乘馬四十匹奴婢錢帛充

路妻乃輕服詣卓門跪自陳請辭甚酸愴卓使傅奴侍者悉拔刀圍之而謂曰孤之威教欲令四海風靡何有不行於一婦人乎妻知不免乃立罵卓曰君羌胡之種毒害天下猶未足邪妾之先人清德奕世皇甫氏文武上才為漢忠臣君親非其趣使走吏乎敢欲行非禮於爾君夫人耶卓乃引車庭中以其頭懸軛鞭撲交下妻謂持杖者曰何不重乎速盡為惠遂死車下後人圖畫號曰禮宗云

魏大將軍曹爽從弟文叔妻譙郡夏侯文寧之女名令女文叔早死服闋自以年少無子恐家必嫁已乃斷髪以為信其後家果欲嫁之令女聞即復以刀截兩耳居止嘗依爽及爽被誅曹氏盡死令女叔父上書與曹氏絶婚強迎令女歸時文寧為梁相憐其少執義又曹氏無遺類冀其意阻乃微使人諷之令女嘆且泣曰吾亦悔之許之是也家以為信防之少懈令女於是竊入寢室以刀斷鼻蒙被而卧其母呼與語

不應發被視之流血滿牀席舉家驚惶奔往視之莫不酸鼻或謂之曰人生世間如輕塵棲弱草耳何至辛苦乃爾且夫家夷滅已盡守此欲誰為哉令女曰聞仁者不以盛衰改節義者不以存亡易心曹氏前盛之時尚欲保終况今衰亡何忍棄之禽獸之行吾豈為乎司馬宣王聞而嘉之聽使乞子養為曹氏後

後魏鉅鹿魏溥妻房氏者慕容垂貴鄉太守常山房湛女也幼有烈操年十六而溥遇疾且卒顧謂之曰死

不足恨但痛母老家貧赤子蒙眇抱怨於黄壚耳房垂泣而對曰幸承先人餘訓出事君子義在偕老有志不從蓋其命也今夫人在堂弱子襁褓顧當以身少相衛永釋長往之恨俄而溥卒及將大斂房氏操刀割左耳投之棺中仍曰鬼神有知相期泉壤流血滂然喪者哀懼姑劉氏輟哭而謂曰新婦何至於此對曰新婦少年不幸早寡實慮父母未量至情覬持此自誓耳聞知者莫不感愴時子緝生未十旬鞠育

於後房之內未曾出門遂終身不聽絲竹不預坐席緝年十二房父母仍存於是歸寧父母尚有異議緝竊聞之以啓其母房命駕紿云他行因而遂歸其家弗知之也行數十里方覺兄弟來追房哀歎而不反其執意如此

滎陽張洪祁妻劉氏者年十七夫亡遺腹生一子二歲又沒其舅姑年老朝夕養奉率禮無違兄矜其少寡欲奪嫁之劉自誓不許以終其身

陳留董景起妻張氏者景起早亡張時年十六痛夫少
喪哀傷過禮蔬食長齋又無兒息獨守貞操期以闔
棺鄉曲高之終見標異

隋大理卿鄭善果母崔氏周末善果父誠討尉遲迥力
戰死於陳母年二十而寡父彥睦欲奪其志母抱善
果曰婦人無再適男子之義且鄭君雖死幸有此兒
棄兒為不慈背夫為無禮寧當割耳剪髮以明素心
違禮滅慈非敢聞命遂不嫁教養善果至於成名自

初寡便不御脂粉常服大練性又節儉非祭祀賓客之事酒肉不妄陳其前靜室端居未嘗輒出門閭內外姻戚有吉凶事但厚加贈遺皆不詣其家

韓覬妻于氏父實周大左輔于氏年十四適於覬雖生長膏腴家門鼎貴而動遵禮度躬自儉約宗黨敬之年十八覬從軍沒于氏哀毀骨立慟感行路每朝夕奠祭皆手自捧持及免喪其父以其幼少無子欲嫁之誓不許遂以夫孽子世隆為嗣身自撫育愛同己

生訓導有方卒能成立自孀居以後唯時暫歸寧至於親族之家絶不往來有尊親就省謁者送迎皆不出户庭蔬食布衣不聽聲樂以此終身隋文帝聞而嘉歎下詔褒美表其門閭長安中號為節婦閭

周虢州司户王凝妻李氏家青齊之間凝卒於官家素貧一子尚幼李氏攜其子負其遺骸以歸東過開封止旅舍主人見其婦人獨攜一子而疑之不許其宿李氏顧天已暮不肯去主人牽其臂而出之李氏仰

天慟曰我為婦人不能守節而此手為人執耶不可以一手并污吾身即引斧自斷其臂路人見者環聚而嗟之或為之泣下開封尹聞之白其事於朝官為賜藥封瘡䘏李氏而笞其主人若此可謂能清潔矣

家範卷八

欽定四庫全書

家範卷九

宋　司馬光　撰

妻下

禮自天子至於命士媵妾皆有數惟庶人無之謂之匹夫匹婦是故關雎美后妃樂得淑女以配君子慕窈窕思賢才而無傷淫之心至於樛木螽斯桃夭芣苢小星皆美其無妬忌之行文母十子衆妾百斯男此

周之所以興也詩人美之然則婦人之美無如不妬矣

晉趙衰從晉文公在狄取狄女叔隗生盾文公返國以女趙姬妻衰生原同屏括樓嬰趙姬請逆盾與其母衰辭而不敢姬曰不可得寵而忘舊不義好新而慢故無恩與人勤於隘阨富貴而不顧無禮棄此三者何以使人必逆叔隗及盾來姬以盾為才固請于公以為嫡子而使其三子下之以叔隗為內子而已下

之

楚莊王夫人樊姬曰妾幸得備掃除十有一年矣未嘗不捐衣食遣人之鄭衛求美人而進之於王也妾所進者九人今賢於妾者二人與妾同列者七人妾知妨妾之愛奪妾之貴也妾豈不欲擅王之愛奪王之寵哉不敢以私蔽公也

宋女宗者鮑蘇之妻也既入養姑甚謹鮑蘇去而仕於衛三年而娶外妻焉女宗之養姑愈謹因往來者請

問鮑蘇不輟賂遺外妻甚厚女宗之姒謂女宗曰可以去矣女宗曰何故姒曰夫人既有所好子何留乎女宗曰婦人以專一為貞以善從為順貞順者婦人之所寳豈以專夫室之愛為善哉若抗夫室之好苟以自榮則吾未知其善也夫禮天子妻妾十二諸侯九大夫三士二今吾夫固士也其有二不亦宜乎且婦人有七去七去之道妬正為首姒不教吾以居室之禮而反使吾為見棄之行將安用此遂不聽事姑

愈謹宋公聞而美之表其閭號曰女宗

漢明德馬皇后伏波將軍援之女也年十三選入太子宮接待同列先人後已由此見寵及帝即位常以皇嗣未廣每懷憂嘆薦達左右若恐不及後宮有進見者每加慰納若數所寵引輒增隆遇未幾立為皇后是知婦人不妬則益為君子所賢欲專寵自私則愈踈矣由其識慮有遠近故也

後唐太祖正室劉氏代北人也其次妃曹氏太原人也

太祖封晉王劉氏封秦國夫人無子性賢不妬忌常為太祖言曹氏相當生貴子宜善待之而曹氏亦自謙退因相得甚歡曹氏封晉國夫人後生子是謂莊宗太祖奇之及莊宗即位册尊曹氏為皇太后而以嫡母劉氏為皇太妃太妃往謝太后太后有慙色太妃曰願吾兒享國無窮使吾曹獲没于地以從先君幸矣他復何言莊宗滅梁入洛使人迎太后歸洛居長壽宮太妃戀陵廟獨留晉陽太妃與太后甚相愛

其送太后往洛涕泣而別歸而相思慕遂成疾太后聞之欲馳至晉陽視疾及其卒也又欲自往葬之莊宗泣諫羣臣交章請留乃止而太后自太妃卒悲哀不飲食逾月亦崩莊宗以妾母加於嫡母劉后猶不愠況以妾事女君如禮者乎若此可謂能不妬矣

葛覃美后妃恭儉節用服澣濯之衣然則婦人固以儉約為美不以侈麗為美也

漢明德馬皇后常衣大練裙不加緣朔望諸姬主朝請

望見后袍衣疎粗反以為綺縠就視乃笑后辭曰此繒特宜染色故用之耳六宮莫不歎息性不喜出入遊觀未嘗臨御牕牖又不好音樂上時幸苑囿離宮希嘗從行彼天子之后猶如是況臣民之妻乎

漢鮑宣妻桓氏歸侍御服飾著短布裳挽鹿車見夫門

梁鴻妻屏綺縞著布衣麻屨操緝績之具見夫門

唐岐陽公主適殿中少監杜悰謀曰上所賜奴婢卒不肯窮屈奏請納之上嘉歎許可因錫其直悉自市寒

賊可制措者自是閉門落然不聞人聲悰為澧州刺史主後悰行郡縣聞主且至殺牛羊犬馬數百人供具主至從者不二十人六七婢乘驢闒茸約所至不得食肉驛吏立門外舁飯食以返不數日間聞於京師衆譁說以為異事悰在澧州三年主自始入後三年間不識刺史廳屏彼天子之女猶如是況寒族子若此可謂能節儉矣

古之賢婦未有不恭其夫者也曹大家女戒曰得意一

人是謂永畢失意一人是謂永訖由斯言之夫不可不求其心然所求者亦非謂佞媚苟親也固莫若專心正色禮義貞潔耳耳無塗聽目無邪視出無冶容入無廢飾無聚羣輩無看視門户此則謂專心正色矣若夫動靜輕脱視聽陜輸陜輸不定貌入則亂髮壞形出則窈窕作態説所不當道觀所不當視此謂不能專心正色矣是以冀缺之妻饁其夫相待如賓梁鴻之妻饁其夫舉案齊眉若此可謂能恭謹矣

易家人六二無攸遂在中饋詩葛覃美后妃在父母家志在女功為絺綌服勞辱之事采蘋采蘩美夫人能奉祭祀彼后夫人猶如是況臣民之妻可以端居終日自安逸乎

魯大夫公父文伯退朝朝其母其母方績文伯曰以歜之家而主猶績乎懼干季孫之怒也其以歜為不能事主乎母嘆曰魯其亡乎使僮子備官而未之聞耶王后親織元紞元紞冠之垂前後者一云紞所以懸瑱當耳者也公侯之夫

人加之以紘綖既織紞復加之紘綖也紘纓之無緌者也從下而上不結綖冕上覆之者也卿之內子為大帶卿之適妻曰內子大帶緇帶也命婦成祭服命婦大夫之妻也祭服元衣纁裳也列士之妻加之以朝衣列士元士也既祭服又加之以朝服也朝服天子之士皮弁素積諸侯之士元端委貌自庶士以下皆衣其夫庶士下士也下至庶人也社而賦事蒸而獻功社春分祭社也事農桑之屬也冬祭曰蒸蒸而獻五穀布帛之屬也男女效績愆則有辟古之制也辟罪也今我寡也爾又在下位朝夕處事猶恐忘先人之業況有怠惰其何以避辟吾冀而朝夕脩我曰必無

廢先人爾今曰胡不自安以是承君之官余懼穆伯之絶嗣也

漢明德馬皇后自為衣袿手皆瘃裂皇后猶爾況他人乎曹大家女戒曰晚寢早作勿憚夙夜執務私事不辭劇易所作必成手迹整理是謂勤也若此可謂能勤勞矣

為人妻者非徒備此六德而已又當輔佐君子成其令名是以卷耳求賢審官殷其雷勸以義汝墳勉之以

正雞鳴警戒相成此皆内助之功也自塗山至於太姒其徽風著於經典無以尚之周宣王姜后齊女也宣王嘗晏起后脫簪珥待罪永巷使其傅母通言於王曰妾之淫心見矣至使君王失禮而晏朝以見君王樂色而忘德也敢請婢子之罪王曰寡人不德實自生過非后之罪也遂復姜后而勤於政事早朝晏退卒成中興之名故雞鳴樂聲鼓以告旦后夫人必鳴珮而去君所禮也

齊桓公好淫樂衛姬為之不聽

楚莊王初即位狩獵畢弋樊姬諫不止乃不食鳥獸之肉三年王勤於政事不倦

晉文公避驪姬之難適齊齊桓公妻之有馬二十乘公子安之從者以為不可將行謀於桑下蠶妾在其上以告姜氏姜氏殺之而謂公子曰子有四方之志其聞之者吾殺之矣公子曰無之姜曰行也懷與安實敗名公子不可姜與子犯謀醉而遣之卒成霸功

陶大夫荅子治陶名譽不興家富三倍妻數諫之荅子不用居五年從車百乘歸休宗人擊牛而賀之其妻獨抱兒而泣姑怒而數之曰吾子治陶五年從車百乘歸休宗人擊牛而賀之婦獨抱兒泣何其不祥也婦曰夫人能薄而官大是謂嬰害無功而家昌是謂積殃昔令尹子文之治國也家貧而國富君敬之民戴之故福結於子孫名垂於後世今夫子則不然貪富務大不顧後害逢禍必矣願與少子俱脱姑怒遂

棄之處期年答子之家果以盜誅唯其母以老免婦乃與少子歸養姑終卒天年

楚王聞於陵子終賢欲以為相使使者持金百鎰往聘迎之於陵子終入謂其妻曰楚王欲以我為相我今日為相明日結駟連騎食方丈於前子意可乎妻曰夫子織屨以為食業本辱而無憂者何也非與物無治乎左琴右書樂在其中矣夫結駟連騎所安不過容膝食方丈於前所飽不過一肉以容膝之安一肉

之味而懷楚國之憂其可爭亂世多害吾恐先生之不保命也於是子終出謝使者而不許也遂相與逃而為人灌園

漢明德馬皇后數規諫明帝辭意欵備時楚獄連年不斷因相證引坐繫者甚衆后慮其多濫乗間言及帝惻然感悟夜起彷徨為思所納卒多有降宥時諸將奏事及公卿較議難平者帝數以試后后輒分解趣理各得其情每於侍執之際輒言及政事多所毗補

而未嘗以家私干欲

河南樂羊子嘗行路得遺金一餅還以與妻妻曰妾聞志士不飲盜泉之水廉者不受嗟來之食況拾遺求利不汚其行乎羊子大慙乃捐金於野而遠尋師學一年來歸妻跪問其故羊子曰久行懷思無它異也妻乃引刀趨機而言曰此織生自蠶繭成於機杼一絲而累以至於寸累寸不已遂成丈匹今若斷斯織也則捐失成功稽廢時月夫子積學當日知其所亡

以就懿德若中道而歸何異斷斯織乎羊子感其言復終還業遂七年不反妻常躬勤養姑又遠饋羊子

吳許升少為博徒不治操行妻呂榮嘗躬勤家業以奉養其姑數勸升脩學每有不善輒流涕進規榮父積忿疾升乃呼榮欲改嫁之榮嘆曰命之所遭義無離二終不肯歸升感激自勵乃尋師遠學遂以成名

唐文德長孫皇后崩太宗謂近臣曰后在宮中每能規諫今不復聞善言內失一良佐以此令人哀耳此皆

以道輔佐君子者也

漢長安大昌里人妻其夫有讐人欲報其夫而無道徑聞其妻之孝有義乃刼其妻之父使要其女為中譎父呼其女告之女計念不聽之則殺父不孝聽之則殺夫不義不孝不義雖生不可以行於世欲以身當之乃且許諾曰旦日在樓新沐東首卧則是矣妾請開牖戶待之還其家乃譎其夫使卧他所因自沐居樓上東首開牖戶而卧夜半讐家果至斷頭持去明

而視之乃其妻首也儓人哀痛之以為有義遂釋不殺其夫

光啓中楊行密圍秦彦畢師鐸揚州城中食盡人相食軍士掠人而賣其肉有洪州商人周廸夫婦同在城中廸餒且死其妻曰今飢窮勢不兩全君有老母不可以不歸願鬻妾於屠肆以濟君行道之資遂詣屠肆自鬻得白金十兩以授廸號泣而别廸至城門以其半賂守者求去守者詰之廸以實對守者不之信

與共詣屠肆驗之見其首已在案上衆聚觀莫不嘆

息竟以金帛遺之廸收其餘骸負之而歸古之節婦

有以死狥其夫者况敢庸奴其夫乎

家範卷九

欽定四庫全書

家範卷十

宋　司馬光　撰

舅甥

秦康公之母晉獻公之女文公遭驪姬之難未反而秦姬卒穆公納文公康公時為太子贈送文公于渭之陽念母之不見也曰我見舅氏如母存焉故作渭陽之詩

漢魏郡霍諝有人誣諝舅宋光於大將軍梁商者以為妄刊文章坐繫洛陽詔獄掠考困極諝時年十五奏記於商為光訟冤辭理明切商高諝才志即為奏原光罪由是顯名

晉司空郗鑒頰邊貯飯以活外甥周翼（見伯叔父門）鑒薨翼為剡令解職而歸席苫心喪三年此皆舅甥之有恩者也

舅姑

晏子稱姑慈而從婦聽而婉禮之善物也

禮子婦有勤勞之事雖甚愛之姑縱之而寧數休之不可愛此而移若於彼也子婦未孝未敬勿庸疾怨庸之為言用也姑教之若不可教而后怒之怒譴責也不可怒子放婦出而不表禮焉表猶明也猶言隱之不表明其犯禮之過也

季康子問於公父文伯之母曰主亦有以語肥也對曰吾聞之先姑曰君子能勞後世有繼能勞能自畢勞貴而不驕也有繼子孫不廢也子夏聞之曰善哉商聞之曰古之嫁者不及

舅姑謂之不幸夫婦學於舅姑者禮也

唐禮部尚書王珪子敬直尚南平公主禮有婦見舅姑之儀自近代公主出降此禮皆廢珪曰今主上欽明動循法制吾受公主謁見豈為身榮所以成國家之美耳遂與其妻就席而坐令公主親執笲行盥饋之道禮成而退是後公主下降有舅姑者皆備婦禮自珪始也笲之為器似筥以竹或葦為之衣以青繒以盛棗栗腶脩之贄

婦

內則婦事舅姑與子事父母畧同見子門

舅沒則姑老謂傳家事於長婦也冢婦所祭祀賓客每事必請於姑婦雖受傳猶不敢專行也介婦請於冢婦以其代姑之事介婦衆婦也舅姑使冢婦毋怠不友無禮於介婦舅姑若使介婦無敢敵耦於冢婦雖有勤勞不敢掉磬不敢並行不敢並命不敢並坐下冢婦也命為使令

凡婦不命適私室不敢退婦事舅姑者也婦將有事大小必請於舅姑不敢專行子婦無私貨無私蓄無私器不敢私假

不敢私與家事統於尊也婦或賜之飲食衣服布帛佩帨茝蘭則受而獻諸舅姑舅姑受之則喜如新受賜或賜之謂私親兄弟若反賜之則辭不得命如更受賜藏以待乏待舅姑之乏也不得命者不見許也婦若有私親兄弟將與之則必復請其故賜而后與之

曹大家女戒曰舅姑之意豈可失哉固莫尚於曲從矣姑云不爾而是固宜從命姑云爾而非猶宜順命勿得違戾是非爭分曲直此則所謂曲從矣故女憲曰

婦如影響焉不可賞影響言順從也

漢廣漢姜詩妻同郡龐盛之女也詩事母至孝妻奉順尤篤母好飲江水去舍六七里妻嘗泝流而汲後值風不時得還母渴詩責而遣之妻乃寄止鄰舍晝夜紡績市珍羞使鄰母以意自遺其姑如是者久之姑怪問鄰母具對姑感慙呼還恩養愈謹其子後因遠汲溺死妻恐姑哀傷不敢言而託以行學不在

河南樂羊子從學七年不反妻常躬勤養姑嘗有它舍

雞謬入園中姑盜殺而食之妻對雞不餐而泣姑怪問其故妻曰自傷居貧使食它肉姑竟棄之然則舅姑有過婦亦可幾諫也

後魏樂部郎胡長命妻張氏事姑王氏甚謹太安中京師禁酒張以姑老且患私為醞之為有司所糺王氏詣曹自首由己私釀張氏曰姑老抱患張主家事姑不知釀主司不知所處平原王陸麗以狀奏文成義而赦之

唐鄭義宗妻盧氏畧涉書史事舅姑甚得婦道嘗夜有强盜數十人持杖鼓譟踰垣而入家人悉奔竄唯有姑獨在堂盧冐白刃往至姑側為賊捶擊幾至於死賊去後家人問何獨不懼盧氏曰人所以異禽獸者以其有仁義也隣里有急尚相赴救況在於姑而可委棄若萬一危禍豈宜獨生其姑每云古人稱歲寒然後知松柏之後凋也吾今乃知盧新婦之心矣若盧氏者可謂能知義矣

詩何彼襛矣美王姬也雖則王姬亦下嫁於諸侯車服不繫其夫下王后一等猶執婦道以成肅雝之德

舜妻堯之二女行婦道於虞氏

唐岐陽公主憲宗之嫡女穆宗之母妹母懿安郭皇后尚父子儀之孫也適工部尚書杜悰逮事舅姑杜氏大族其他宜為婦禮者不翅數千人主卑委怡順奉上撫下終日惕惕屏息拜起一同家人禮度二十餘年人未嘗以絲髮間指為貴驕承奉大族時歲獻饋

吉凶賻助必親經手姑涼國太夫人寢疾比喪及葬主奉養晝夜不解帶親自嘗藥粥飯不經心手一不以進既而哭泣哀號感動它人彼天子之女猶不敢失婦道奈何臣民之女乃敢恃其貴富以驕其舅姑為婦若此為夫者宜棄之為有司者治其罪可也

妾

内則雖婢妾衣服飲食必後長者人貴賤不可以無禮

妾事女君猶臣事君也尊卑殊絶禮節宜明是以綠衣

黄裳詩人所刺慎夫人與竇后同席袁盎引而却之董宏請尊丁傅師丹劾奏其罪皆所以防微杜漸抑禍亂之原也或者主母屈巳以下之猶當貶抑退避謹守其分况敢挾其主父與子之勢陵慢其女君乎衛宗二順者衛宗室靈王之夫人及其傅妾也秦滅衛君乃封靈王世家使奉其祀靈王死夫人無子而守寡傅妾有子代後傅妾事夫人八年不衰供養愈謹夫人謂傅妾曰孺子養我甚謹子奉祀而妾事我我

不顧也且吾聞主君之母不妾事人今我無子於禮斥黜之人也而得留以盡節是我幸也今又煩孺子不改故節我甚內慙吾願出居外以時相見我甚便之傅妾泣而對曰夫人欲使靈氏受三不祥耶公不幸早終是一不祥也夫人無子而婢妾有子是二不祥也夫人欲居外使婢妾居內是三不祥也妾聞忠臣事君無時懈倦孝子養親患無日也妾豈敢以少貴之故變妾之節哉供養固妾之職也夫人又何勤

乎夫人曰無子之人而辱主君之母雖子欲爾衆人謂我不知禮也吾終願居外而已傅妾退而謂其子曰吾聞君子處順奉上下之儀脩先古之禮此順道也今夫人難我將欲居外使我處内逆也處逆而生豈若守順而死哉遂欲自殺其子泣而守之不聽夫人聞之懼遂許傅妾留終年供養不衰

後唐莊宗不知禮尊其所生為太后而以嫡母為太妃太妃不以愠太后不敢自尊二人相好終始不衰事見

妻是亦近世所難門

乳母保母附

内則異為孺子室於宮中特歸一處以處之擇於諸母與可者必求其寛裕慈惠温良恭敬慎而寡言者使為子師其次為慈母其次為保母皆居子室此人君養子之禮也諸母衆妾也可者傅御之屬也子師教示以善道者慈母知其嗜欲者保母安其居處者他人無事不往

魯孝公義保臧氏初孝公父武公與其二子長子括中

子戲朝周宣王宣王立戲為魯太子武公薨戲立是為懿公孝公時號公子稱最少義保與其子俱入宮養公子稱括之子曰伯御與魯人作亂攻殺懿公而自立求公子稱於宮中入殺之義保聞伯御將殺稱衣其子以稱之衣臥於稱之處伯御殺之義保遂抱稱以出遇稱之舅魯大夫於外舅問稱死乎義保曰不死在此舅曰何以得免義保曰以吾子代之義保遂抱以逃十一年魯大夫皆知稱之在保於是請周

天子殺伯御立稱為孝公

秦攻魏破之殺魏王誅諸公子而一公子不得令魏國曰得公子者賜金千鎰匿之者罪至夷公子乳母與公子俱逃魏之故臣見乳母識之曰乳母固無恙乎乳母曰嗟乎吾奈公子何故臣曰今公子安在吾聞秦令曰有能得公子者賜金千鎰匿之者罪至夷乳母儻知其處乎而言之則可以得千金知而不言則昆弟無類矣乳母曰吁我不知公子之處故臣曰我

聞公子與乳母俱逃曰吾雖知之亦終不可以言故臣曰今魏國已破亡族已滅矣子匿之尚誰為乎母曰吁夫見利而反上者逆畏死而棄義者亂也今持逆亂而以求利吾不為也且夫凡為人養子者務生之非為殺之也豈可以利賞畏誅之故廢正義而行逆節哉妾不能生而令公子禽矣乳母遂抱公子逃於深澤之中故臣以告秦軍追見爭射之乳母以身為公子蔽矢矢著身者數十與公子俱死秦君聞之

貴其能守忠死義乃以卿禮葬之祠以太牢寵其兄為五大夫賜金百鎰

唐初王世充之臣獨孤武都謀叛歸唐事覺誅死子師仁始三歲世充憐其幼不殺命禁掌之其乳母王蘭英求自髡鉗入保養師仁世充許之蘭英鞠育備至時喪亂凶饑人多餓死蘭英乞丐捃拾每有所得輒歸哺師仁自惟啖土飲水而已久之詐為捃拾竊抱師仁奔長安高祖嘉其義下詔曰師仁乳母王氏慈

惠有聞撫育無倦提攜遺幼背逆歸朝宜有褒隆以
錫其號可封壽永郡君

五代漢鳳翔節度使侯益入朝右衛大將軍王景崇叛於鳳翔有怨於益盡殺其家屬七十餘人益孫延廣尚襁褓乳母劉氏以己子易之抱延廣而逃乞食於路以達大梁歸於益家嗚呼人無貴賤顧其為善何如耳觀此乳保忘身狥義字人之孤名流後世雖古烈士何以過哉

家範卷十

總校官舉人臣章維桓
校對官助教臣羅萬選
謄録監生臣李著

圖書在版編目（CIP）數據

家範 / (宋) 司馬光撰. — 北京：中國書店，2018.8
ISBN 978-7-5149-2057-4

Ⅰ. ①家… Ⅱ. ①司… Ⅲ. ①家庭道德－中國－北宋 Ⅳ. ①B823.1

中國版本圖書館CIP數據核字(2018)第080083號

四庫全書·儒家類

家範

作者 宋·司馬光 撰
出版發行 中國書店
地址 北京市西城區琉璃廠東街一一五號
郵編 一〇〇〇五〇
印刷 山東汶上新華印刷有限公司
開本 730毫米×1130毫米 1/16
印張 17.25
版次 二〇一八年八月第一版第一次印刷
書號 ISBN 978-7-5149-2057-4
定價 六六 元